Innocent Wenceslas TAPSOBA

Inseminação artificial de suínos no Burkina Faso

Innocent Wenceslas TAPSOBA

Inseminação artificial de suínos no Burkina Faso

ScienciaScripts

Imprint

Cover image: www.ingimage.com

This book is a translation from the original published under ISBN 978-620-6-72395-0.

Publisher:
Sciencia Scripts
is a trademark of
Dodo Books Indian Ocean Ltd. and OmniScriptum S.R.L publishing group

120 High Road, East Finchley, London, N2 9ED, United Kingdom
Str. Armeneasca 28/1, office 1, Chisinau MD-2012, Republic of Moldova, Europe
Printed at: see last page
ISBN: 978-620-8-26099-6

Dedicação

ÀS PARTES INTERESSADAS

DO SECTOR DA CARNE DE PORCO

DO BURQUINA FASO

Agradecimentos

Há um provérbio africano que diz "sozinho vais mais depressa, juntos vais mais longe". Este livro de memórias foi possível graças a uma multiplicidade de contribuições diversas. Gostaríamos de expressar a nossa gratidão a todas as pessoas que, direta ou indiretamente, deram o seu tempo, conselhos, energia, conhecimentos e recursos para nos apoiar. Gostaríamos de dizer obrigado:

- Ao presidente do júri, Albert SOUDRE, professor catedrático da Universidade Norbert ZONGO. É uma honra para nós tê-lo como presidente do júri, apesar das suas múltiplas ocupações. As suas qualidades de homem de ciência deixam-nos maravilhados. Este trabalho dá-nos a oportunidade de beneficiar mais uma vez dos seus preciosos e sábios conselhos. Tem o nosso mais profundo respeito;

- Ao Sr. Boureima TRAORE, Professor Assistente, Centre Universitaire de Dori / Université Thomas SANKARA, membro do júri, enviamos a expressão do nosso respeito e da nossa profunda gratidão;

- Sr. Moussa ZONGO, Professor Catedrático da Universidade Joseph KI-ZERBO, nosso orientador de dissertação e membro do júri. As suas qualidades científicas e pedagógicas sempre nos impressionaram muito. Aqui fica a expressão do nosso profundo respeito e admiração pelo seu rigor científico;

- Ao Sr. Dominique OUEDRAOGO, Professor Assistente no Centro Universitário de Ziniaré / Universidade Joseph KI-ZERBO, nosso codiretor de dissertação e membro do júri, é uma grande honra para nós tê-lo como juiz deste modesto trabalho. Aqui fica a expressão da nossa mais profunda gratidão.

Gostaríamos também de agradecer aos esforçados professores da UFR/SVT e, em especial, aos do Mestrado em Biotecnologia Animal;

Gostaríamos de agradecer ao Projet Régional d'Appui au Pastoralisme au Sahel, fase 2 (PRAPS-2) pelo seu apoio financeiro;

Agradecemos ao Projet d'Appui au Développement du secteur de l'Elevage au Burkina (PADEL-B) que, através dos seus investimentos estruturantes, permitiu a construção de uma estufa na estação de reprodução de Loumbila, a construção e o equipamento do laboratório de suínos e a aquisição de varrascos exóticos de raça pura;

Gostaríamos de agradecer ao pessoal técnico e de apoio do Centro Nacional de Multiplicação de Animais Eficazes, particularmente ao Sr. Mamadou DIALLO e ao Sr. Noufou COULIBALY, pela sua ajuda na recolha de dados;

Gostaríamos de agradecer aos suinicultores do Burkina Faso pelo seu apoio a este estudo, e aos nossos colegas estudantes de Biotecnologia Animal da turma de 2021-2022 pela sua cooperação.

Por último, gostaríamos de agradecer a toda a nossa família por todo o apoio que nos têm dado.

Índice

Resumo

A procura de carne de suíno no Burkina Faso não pára de crescer, num contexto de baixa produtividade das raças existentes. O desenvolvimento da produção de suínos exige o recurso às biotecnologias animais. O objetivo deste estudo é contribuir para a melhoria da produtividade da espécie suína no Burkina Faso. A tecnologia do sémen suíno foi desenvolvida na estação de reprodução de Loumbila. A metodologia consistiu na formação e na recolha de sémen de 08 varrascos de raça pura introduzidos na estação. O sémen foi submetido a análises macroscópicas e microscópicas a fim de avaliar a sua qualidade e orientar a tomada de decisões sobre a sua conservação e utilização na inseminação artificial. O número de ejaculados recolhidos foi de 33, com um volume total de 4296,5 ml, provenientes de 5 varrascos com [15 - 16] meses de idade que tinham reprimido favoravelmente. O tempo de reação ao salto foi de 3,13 minutos para a raça branca grande, de 3,08 minutos para a raça autóctone e de 4,09 minutos para a raça duroc. A duração média da ejaculação foi de 5,59 minutos, 5,75 minutos e 5,00 minutos, respetivamente, para a raça branca grande, a raça autóctone e a raça duroc. Os volumes médios de ejaculado obtidos foram de 141,16 ml, 136,67 ml e 191,08 ml para as raças Large White, Duroc e Landrace, respetivamente. A cor era branco-creme. A motilidade do esperma foi em média 2,99 numa escala de 0 a 5. ^{666}A concentração média de espermatozóides foi de 195,45 x 10 , 198,59 x 10 , 383,01 x 10 para as raças landrace, large white e duroc, respetivamente. O volume médio do diluente foi de 1,03 ml, 1,22 ml e 1,78 ml para as raças paterna, branca grande e duroc, respetivamente. A motilidade individual variou de 20 a 60%. A produção média de doses foi de 12, 11 e 20 para as raças paterna, branca grande e duroc, respetivamente. As doses foram armazenadas a 15-18°C. As inseminações cervicais foram efectuadas em 145 porcas de 25 explorações agrícolas das regiões de Ouagadougou e Bobo-Dioulasso. A gravidez foi diagnosticada por ultrassom 35 dias depois em todas as porcas inseminadas. A taxa de sucesso da IA foi de 35,42% (n =144). O período médio de gestação foi de 113,77±2,66 dias. Os varrascos Duroc tiveram melhor desempenho do que os varrascos Large White e Landrace. A raça Piétrain parece ter tido dificuldade em adaptar-se aos resultados negativos dos dois varrascos.

Palavras chave: inseminação artificial, suínos, Burkina Faso, sementes, produção, embalagem.

INTRODUÇÃO

O Burkina Faso é um país agro-pastoril e a pecuária desempenha um papel importante em termos de número e diversidade dos seus efectivos. Com mais de 9.939.786 cabeças de gado bovino, 22.084.362 cabeças de pequenos ruminantes, 1.454.087 cabeças de suínos, 36.275.347 cabeças de aves de capoeira e muitas outras espécies como burros, cavalos e camelos (MARAH, 2021), a pecuária emprega mais de 86% da população ativa e contribui com 18% do produto interno bruto (PIB) (PNUD, 2011).

A produção de suínos, outrora praticada por uma minoria da população, está a crescer rapidamente há cerca de três décadas (Kiendrebeogo, 2006). O efetivo suíno do país representa um potencial extraordinário de produção de carne e uma fonte de rendimento para os produtores e intermediários que trabalham no sector da carne de porco (Djiguimde, 2019). A suinicultura está a tornar-se cada vez mais uma ocupação nacional privilegiada e um verdadeiro instrumento de criação de emprego, de capacitação das pessoas vulneráveis, de luta contra a pobreza e de contribuição para a segurança alimentar e nutricional.

Existem oito (08) raças de suínos no Burkina Faso. São elas a raça local, a Korhogo, a Large White, a Landrace, a Pedestrian, a Duroc, a Hampshire e a Berkshire (MRA, 2003). Caracterizado pelo seu curto ciclo de reprodução e de produção, pela sua elevada eficiência alimentar e pela sua boa adaptação a diferentes ecossistemas, o porco está firmemente estabelecido como o animal de eleição na política de desenvolvimento da pecuária nos nossos países (Muys et *al*, 2003). Estas razões explicam o facto de vários países africanos terem começado a importar porcos de raças melhoradas para melhorar a produção das raças locais. A inseminação artificial (IA) é o método de reprodução preferido na maioria dos sistemas de produção intensiva de suínos em todo o mundo (Rodriguez et *al.*, 2016). A inseminação artificial de suínos não está muito desenvolvida na África Ocidental (Dotché *et al.*, 2019). No entanto, esta tecnologia é uma solução alternativa para o dimorfismo sexual observado em certas espécies animais, neste caso os javalis, que são mais frequentemente confrontados com dificuldades naturais de acasalamento (Knox, 2016). Também ajuda a reduzir o tempo de trabalho e a proteger a saúde animal, evitando infecções venéreas (Knox, 2016). Para uma melhor utilização da IA, devem ser envidados esforços para produzir doses de qualidade noutras espécies animais, nomeadamente nos suínos (Dotché et *al.*, 2019). A reprodução por acasalamento natural é quase exclusivamente praticada em pequenas explorações onde a população de porcas não excede as 20 unidades. Em comparação com a IA, esta prática implica uma maior manipulação dos animais e, por conseguinte, mais tempo e maior risco de acidentes (Feller *al.*, 2004). A inseminação artificial continua a ser a ferramenta biotecnológica que garante a disseminação rápida e segura de material genético de alto desempenho, o que facilita o melhoramento genético dos animais de criação, incluindo os suínos (Bitty ,2014). A utilização da tecnologia do sémen permitiria reduzir os custos e os riscos associados à importação de varrascos vivos. A utilização de sémen produzido localmente reduziria os custos da tecnologia (os custos de importação e conservação do sémen importado) (Moussa ,2018). Os trabalhos sobre estas raças exóticas só foram efectuados na Europa (Bitty ,2014). Mas e as caraterísticas da semente destes animais nos nossos climas e condições de criação?

O objetivo geral deste estudo é ajudar a melhorar a produção de suínos através do desenvolvimento de sémen de baixo custo e de tecnologia de inseminação artificial.

Especificamente, tratava-se de :

(i) avaliar as caraterísticas do sémen de javali exótico introduzido no Burkina Faso,

(ii) determinar a fertilidade do sémen condicionado quando inseminado artificialmente.

O nosso artigo está dividido em duas secções principais: a revisão da literatura, que resume o contexto geral da criação de suínos, discute a recolha e avaliação do sémen de varrasco e a inseminação artificial de suínos; e o estudo experimental, que trata do equipamento e dos métodos de estudo e apresenta os resultados e a discussão.

PARTE I: REVISÃO DA LITERATURA

Capítulo I: Informações gerais sobre a suinicultura

I. Geral

Os suínos são criados em todo o mundo para a produção de carne. Com uma produção mundial estimada em 110,5 milhões de toneladas em 2022 (OCDE/FAO, 2022), a carne de suíno ocupa o segundo lugar no mundo, depois das aves de capoeira, seguida da carne de bovino.

A criação de suínos está a crescer rapidamente nas várias regiões de África. A raça de suínos mais popular é o porco local, que requer poucos factores de produção e é altamente adaptável a condições de criação difíceis. A suinicultura é, portanto, compatível com as condições socioeconómicas das populações pobres (Agbokounou, 2016).

As caraterísticas do sistema tradicional de criação de gado encontram-se por vezes na Ásia tropical e na América (Nonfon, 2005). É frequentemente baseado numa aldeia e é extensivo. No entanto, este sistema pode ser encontrado em zonas urbanas e periurbanas onde se cria a raça local, raças europeias e norte-americanas melhoradas (Large White, Landrace, Duroc, Piétrain, Hampshire) ou híbridos destas raças cruzados com a raça local ou produtos de vários cruzamentos não controlados (Lukusa, 2005). No caso da criação de raças melhoradas e dos seus cruzamentos, os criadores estão a melhorar a forma extensiva, que por vezes tende para uma forma semi-intensiva e por vezes intensiva.

II. Descrição taxonómica

O porco é um mamífero doméstico omnívoro. De acordo com Linnaeus (1758), o porco pertence ao reino animal, ao filo dos cordados, ao subfilo dos vertebrados, à classe dos mamíferos, à subclasse dos terrestres, à subclasse dos eutérios, à ordem dos ungulados, à família dos suídeos, à subfamília dos suídeos, ao género Suis, à espécie sus scrofa e à subespécie domesticus.

Está estreitamente relacionado com o javali, com o qual pode cruzar-se. A fêmea adulta é a porca, a fêmea jovem criada para reprodução é a marrã, o macho é o javali, o macho jovem é o verrasão e o porco jovem (antes do desmame) é designado por leitão, leitão, goret (ou leitão no prato), o porco jovem desmamado é designado por nourrain (ou nourrin). O termo designa igualmente a carne fornecida por este animal.

III. História da suinicultura no Burkina Faso

A criação de porcos tem uma conotação religiosa no Burkina Faso. A maioria dos criadores de porcos são cristãos e animistas. Vários relatos situam a introdução da carne de porco por volta dos anos 20, graças aos missionários e aos administradores coloniais (MRA, 2003).

Inicialmente, o objetivo era satisfazer os seus próprios hábitos alimentares. Mais tarde, para ganhar a estima do povo, foi popularizado entre a população, através de catequistas que faziam a ligação entre os padres e o povo, no âmbito de um processo de sensibilização e de desenvolvimento da fé cristã nas zonas rurais (FAO, 2012). Alguns chefes tradicionais, que se converteram rapidamente ao catolicismo, desempenharam um papel importante no desenvolvimento da carne de porco, nomeadamente em torno de Réo e Tenkodogo (MRA, 2003).

O porco não parece ser um animal conhecido "pelos antepassados" em vários grupos sociais burquinenses. Em lado nenhum foi referido que o porco, tal como outras espécies como as aves de capoeira (galinhas, pintadas), os pequenos ruminantes (ovelhas e cabras) ou os cães, tenha sido objeto de uma utilização específica nos ritos consuetudinários e religiosos (FAO, 2012).

Com métodos de cruzamento anárquicos e a ausência de um esquema de seleção e de melhoramento genético, os animais perderam rapidamente certos desempenhos produtivos ao longo dos anos, principalmente através de consanguinidade sucessiva (MRA, 2003).

IV. Efetivo suíno no Burkina Faso

Os porcos são uma das cinco espécies prioritárias criadas no Burkina Faso, mas de acordo com as estatísticas do país, o sector ainda está em evolução. A população suína foi estimada em 660.582 em 1989, 1.889.234 em 2003 e 1.321.464 em 2018, de acordo com o primeiro inquérito pecuário nacional (MARAH, 2021).

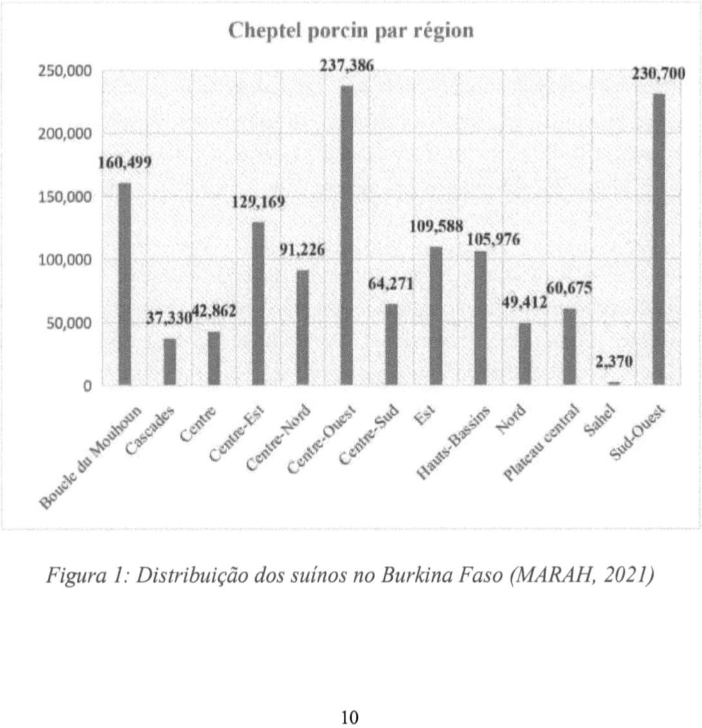

Figura 1: Distribuição dos suínos no Burkina Faso (MARAH, 2021)

Só três regiões representam 47,57% da mão de obra nacional. São elas a região de Boucle du Mouhoun com 12,14%, o Sudoeste com 17,45% e o Centro-Oeste com 17,96%.

V. Sistemas pecuários e produção de suínos

Coexistem dois sistemas principais, tal como a criação de outras espécies no país. São eles o sistema tradicional e o sistema "melhorado" (CIRAD, 2006).

A nível nacional, o sistema tradicional domina em 80% dos casos e caracteriza-se pela deambulação dos porcos à procura de alimento, pela ausência de cuidados, pela distribuição ocasional de dolo e de água potável, o que permite ao proprietário controlar o número de cabeças (nascimentos, perdas, números remanescentes) que possui. Os animais são mantidos em confinamento sazonal (amarrados ou em alojamentos tradicionais) durante o período de invernada (FAO, 2012).

O sistema de criação em confinamento, considerado melhorado, divide-se em dois subsistemas: o sistema melhorado e o sistema moderno, que utiliza animais exóticos, frequentemente de raças puras. Estas explorações beneficiam de maiores investimentos e de um maior controlo.

De acordo com a FAO (2012), a produção de carne de porco no Burkina está a crescer rapidamente. A sua produção está estimada em 39.800 toneladas de carne em 2022 (Porphyre, et *al.*, 2022).

Para além da produção, que aumenta todos os anos, o consumo segue a mesma tendência. No Burkina Faso, a carne de porco é consumida de várias formas. A preparação mais conhecida é a "carne de porco assada no forno". Outras formas de confeção, como o "porco braseado", a "sopa de porco" e, por vezes, em espetos, estão também a aumentar.

É comercializada sob a forma de animais vivos, carne em carcaça ou em formas transformadas.

VI. Melhoramento genético da suinicultura no Burkina Faso

O melhoramento genético de uma espécie doméstica é o conjunto de métodos e técnicas (cruzamento, seleção, engenharia genética, etc.) que visam substituir uma população por outra que pode ou não ser derivada, no todo ou em parte, da anterior e que está mais bem adaptada aos objectivos económicos prosseguidos (Annick, 1995).

O desenvolvimento de explorações de suínos melhoradas com base numa dieta padrão levou à expansão de raças exóticas selecionadas para um melhor rácio de conversão alimentar (FCR), maior rendimento muscular, menor cobertura de gordura e tamanhos de ninhada maiores (IFIP, 2013). A reprodução descontrolada e o cruzamento de raças são uma ameaça significativa de erosão genética para a espécie suína no Burkina Faso.

VII. Restrições à produção de suínos

Os constrangimentos da produção de suínos são universais porque giram sempre em torno das mesmas questões, nomeadamente como melhorar :

- taxa de crescimento, que é avaliada com base na QMG para a engorda;
- eficiência alimentar, que é avaliada com base no IC de engorda;
- composição corporal, que se reflecte no rendimento da carcaça, no teor de carne, etc. e teor de músculo.

Para além destes desafios de melhoria das caraterísticas de produção, existem também desafios de seleção, tais como :

- idade ;
- a taxa de fertilidade ;
- o número de leitões desmamados por porca e por ninhada, que reflecte a qualidade materna da porca;
- o número de leitões desmamados nascidos da porca, o que reflecte a vitalidade dos leitões;
- o número de tetas funcionais que a porca tem.

No Burkina Faso, o acesso a suínos com bom desempenho reprodutivo e produtivo, em termos de disponibilidade e de custo, continua a ser um constrangimento importante, para além das questões alimentares e sanitárias.

VIII. Anatomia e fisiologia da reprodução do varrasco

O sistema reprodutor do javali, representado esquematicamente na figura 2, inclui os testículos, os epidídimos e as glândulas anexas. O javali caracteriza-se pela grande dimensão dos seus órgãos reprodutores (testículos, vesículas seminais e glândulas bulbouretrais) em comparação com outros mamíferos domésticos.

A produção de espermatozóides e de hormonas sexuais tem lugar nos testículos. Estes são protegidos das flutuações de temperatura pelo escroto, uma membrana que cobre os testículos e regula a temperatura para garantir que os testículos permanecem a uma temperatura mais ou menos constante. As temperaturas extremas, como o calor ou a febre, têm um impacto negativo na quantidade e na qualidade dos espermatozóides produzidos (IFIP, 2013).

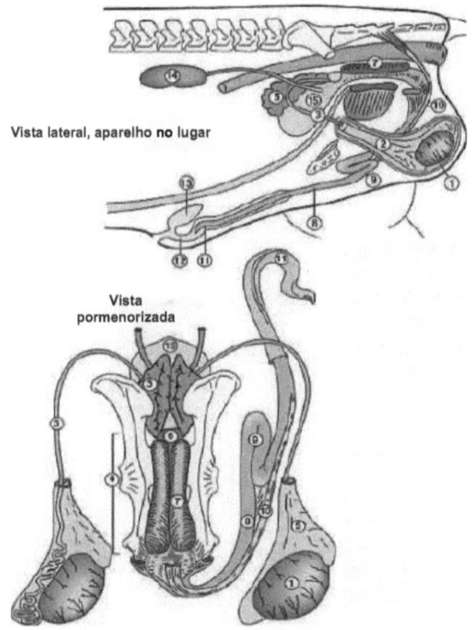

1. Testículo e seus envelopes
2. Epidídimo
3. Canal deferencial
4. Osso pélvico
5. Vesícula seminal
6. Próstata
7. Glândulas de Cowper
8. Pénis
9. "peniano "s
10. Músculo retrator do pénis
11. Extremidade em espiral
12. Manga
13. Glândulas prepuciais
14. Rim
15. Bexiga

Figura 2: Órgãos reprodutores do javali (IFIP, 2013)

VIII. 1. Anatomia do testículo

Os testículos são órgãos emparelhados com uma dupla função:

> a função gametogénica ou espermatogénica, que pode ser comparada a uma verdadeira função exócrina e é realizada pelos túbulos seminíferos;

> a função endócrina de secreção das hormonas masculinas, os androgénios, assegurada pelas células de Leydig situadas entre os túbulos seminíferos. O tamanho do testículo varia consoante a espécie animal.

[103]A relação entre o peso dos testículos e o peso corporal é muito elevada nos varrascos, sendo de 4,2. Os testículos são relativamente grandes em relação ao tamanho do animal, sendo o testículo esquerdo geralmente maior do que o direito. O peso médio dos dois testículos situa-se entre 300 e 800 gramas. Os testículos têm uma forma elíptica nos javalis e estão situados na parte superior do ânus, no períneo; geralmente não estão muito afastados do corpo, mas podem tornar-se um pouco mais afastados com a idade (Martin, 1993). O parênquima testicular é cinzento a cor de vinho e mais escuro com a idade (Ladds, 1996).

VIII. 1.1. Estruturas intra-testiculares: túbulos seminíferos e espaços intersticiais

O parênquima testicular é cinzento a cor de vinho escuro no javali, com um mediastino proeminente (Ladds, 1996). O parênquima é composto por túbulos seminíferos e espaços intersticiais e dividido em lóbulos e lóbulos por trabéculas conectivas derivadas da albugínea e da rete testis (Figura 3).

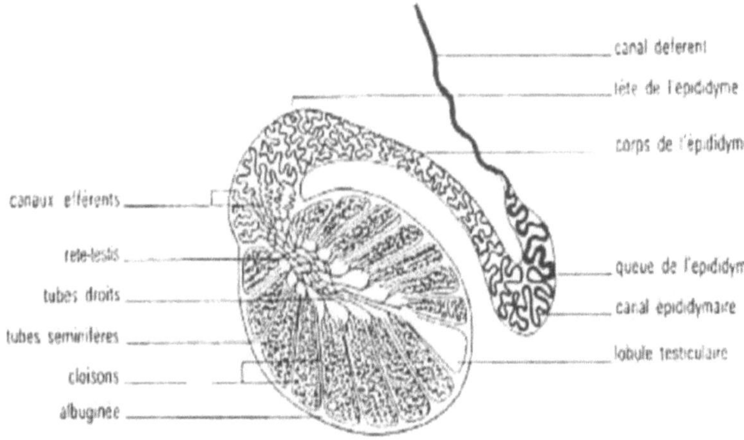

Figura 3: Estrutura interna do testículo (INRAP)

VIII. 1.2. Função testicular: espermatogénese

A espermatogénese é todo o processo de multiplicação e diferenciação celular das células da linha germinativa masculina que, partindo das células estaminais ou espermatogónias, conduz à produção de espermatozóides. Trata-se de um processo altamente produtivo que ocorre continuamente nos túbulos seminíferos a partir da puberdade. A espermatogénese é mantida por regulação hormonal. A GnRH estimula a produção hipofisária de LH e FSH. A espermatogénese é estimulada diretamente pela ação da FSH sobre as células de Sertoli e indiretamente pela produção de testosterona resultante da ação da LH sobre as células de Leydig. O feedback negativo é exercido pela inibina e pela testosterona produzidas pelo testículo. A FSH e a testosterona são essenciais para manter a espermatogénese e a libido nos varrascos adultos.

VIII.2. espermatogénese

VIII.2.1. O epidídimo: maturação e armazenamento de espermatozóides

O epidídimo é um órgão adjacente ao testículo, que mede 15 a 20 cm de comprimento nos varrascos e contém um tubo alongado e de contornos muito definidos que liga os canais eferentes do testículo ao canal deferente, que mede 70 cm nos varrascos (Dacheux e Paquignon, 1987). É volumoso, pesando em média 80 gramas, com extremos que vão de 46g a 110g (Barone, 2000). Do ponto de vista anatómico, é geralmente separado em três partes anatómicas distintas: a cabeça, que é ventral e está dobrada sobre a extremidade capitada do testículo, o corpo e a cauda, que é maior do que a cabeça e está bem separada do testículo. A fisiologia do epidídimo é mais complexa, uma vez que não existem pontos de referência anatómicos para distinguir as diferentes regiões epididimárias, que são especializadas em actividades específicas.

VIII.2.2. Funções epididimárias

O epitélio epididimário reabsorve, segrega e concentra substâncias que ajudam a modificar a composição do fluido epididimário para promover a sobrevivência dos espermatozóides maduros antes de serem libertados na cauda do epidídimo. Este epitélio funciona igualmente como uma barreira entre o sangue e o lúmen do tubo, proporcionando um ambiente favorável à sobrevivência e à maturação dos gâmetas masculinos (pH ácido, níveis baixos de electrólitos, níveis elevados de K+, ausência de frutose) (Dacheux e Paquignon, 1987).

VIII.2.3. As glândulas anexas e a produção de plasma seminal e de "tapioca" VIII.2.3.1. As vesículas seminais e a próstata: produção do plasma seminal

As vesículas seminais são reduzidas até à puberdade, mas tornam-se volumosas nos varrascos adultos. Desenvolvem-se sob o efeito da testosterona, mais ou menos cedo consoante a raça, e passam de alguns gramas à nascença para um peso adulto de 500 a 800 g. Posicionadas dorsalmente à bexiga, encostam-se uma à outra no plano mediano. No javali, as duas glândulas têm uma cápsula conjuntiva comum e uma túnica muscular fina. Os septos interlobulares são constituídos principalmente por tecido conjuntivo e algumas pequenas células musculares. Os lúmens tubulares são largos e o epitélio secretor é enrugado. As células principais segregam um fluido viscoso abundante que constitui 10 a 30% do ejaculado (Wrobel, 1990). Este líquido é muito rico em cálcio e magnésio e contém substratos energéticos destinados aos espermatozóides, como a glicerilfosforilcolina e a ergotioneína nos varrascos (sabe-se que o inositol não pode ser utilizado pelos espermatozóides como substrato metabólico, apesar de estar presente em quantidades muito elevadas), bem como proteínas em concentrações muito elevadas (100 mg/ml), proteínas estruturais, bem como enzimas e inibidores enzimáticos... O papel das secreções das vesículas seminais é ativar a capacidade de movimentação dos espermatozóides e fornecer-lhes os nutrientes de que necessitam para sobreviver (Flowers, 1996). A próstata é relativamente pouco desenvolvida nos varrascos e situa-se cranialmente às vesículas seminais (Flowers, 1996). É uma glândula bem irrigada e compacta, cujas secreções, que constituem 30 a 60% do volume total do ejaculado e são ricas em cálcio, zinco, substâncias tampão, aminas bacteriostáticas, bem como esteróides e estrogénios nos varrascos, são difíceis de recolher. O papel da secreção prostática é neutralizar o plasma seminal, que se tornou ácido devido a uma acumulação de bicarbonatos e lactatos, e iniciar o movimento ativo dos espermatozóides ejaculados (Wrobel, 1990).

VIII.2.3.2. Outras glândulas anexas e suas secreções

Outras glândulas anexiais incluem as glândulas uretrais e as glândulas prepuciais: As glândulas uretrais ou glândulas de Littré são pequenas glândulas mucosas que se abrem na uretra peniana através de um canalículo. Segregam durante o coito e a sua secreção é a primeira a sair durante a ejaculação; é pequena em volume e de aspeto seroso claro. Pensa-se também que têm a função de limpar o canal dos restos de urina antes da passagem do ejaculado. As glândulas prepuciais ou glândulas de Tyson estão situadas perto do orifício prepucial, onde os restos de urina se acumulam e se decompõem, dando o odor desagradável caraterístico dos javalis. A sua secreção é uma fonte de feromonas, veículos do efeito macho nas interações sexuais, mas não faz parte do ejaculado.

O pénis do javali é longo, delgado e fibro-elástico, medindo cerca de 60 cm de comprimento e 2 cm de espessura. A ponta do pénis tem apenas uma glande rudimentar e é torcida em torno de si mesma. Esta torção é acentuada durante a ereção (Bitty, 2014).

IX. Anatomia e fisiologia da reprodução das porcas

O sistema reprodutor da porca inclui as gónadas, o trato genital e as glândulas acessórias.

IX.1. As gónadas

Existem dois ovários pequenos (Figura 4). O seu aspeto varia consoante o estado fisiológico da porca. Cada ovário é constituído por 3 tipos de tecidos: a albugínea (membrana fibrosa que cobre o ovário), a zona medular (parte central do ovário constituída por vasos sanguíneos e nervos) e a zona cortical.

O ovário é o local de brotamento cíclico e periódico dos folículos. Os folículos têm nomes diferentes consoante o seu estádio de desenvolvimento: folículo primário (em número definido e em reserva desde o nascimento da fêmea), folículo secundário, folículo cavitário (formação do antro cheio de líquido folicular) e folículo maduro ou folículo de Graaf (libertação de um oócito por rebentamento da albugínea). O folículo transforma-se num corpo lúteo a partir das células luteínicas, que produz progesterona e persistirá se ocorrer fertilização (Feller et *al.*, 2004).

IX.2. O trato genital

- **Os ovidutos** das porcas medem 20-23 cm e são muito flexíveis (Figura 4). Capturam oócitos II e são o local de fertilização no seu terço superior (%) (Bitty, 2014). Os ovidutos também são conhecidos como tubos uterinos ou trompas de Falópio (Feller et *al.*, 2004).

- **Os cornos uterinos**, também conhecidos como útero ou matriz, juntam-se para formar o corpo do útero (Figura 4). A parede do útero é composta por 2 tecidos (o endométrio e o miométrio) e o seu desenvolvimento depende do estado fisiológico da porca. Nos suínos, a deposição de esperma é, portanto, intra-uterina. (Feller et *al.*, 2004).

- **O colo do útero**: é um músculo com 10-23 cm de comprimento e 2-3 cm de largura que separa o útero da vagina (Bitty, 2014) (Figura 4). Abre-se apenas durante o cio e o parto.

- **A vagina**: é um canal músculo-membranoso situado entre a vulva e o colo do útero, com uma estrutura lisa e sem músculos. É o órgão de acasalamento da fêmea e tem cerca de 20 cm de comprimento (Figura 4). A vagina tem paredes espessas que se afunilam na parte caudal junto ao útero. O vestíbulo da vagina inclui o meato urinário, que forma a saída da uretra. O hímen é uma membrana fina que separa a vagina da vulva. Rasga-se aquando do primeiro acasalamento. (Feller et *al.*, 2004).

> **A vulva**: é um canal urogenital constituído pelos lábios vulvares, um apêndice e o clítoris. Tem uma forma triangular (Feller et *al.*, 2004).

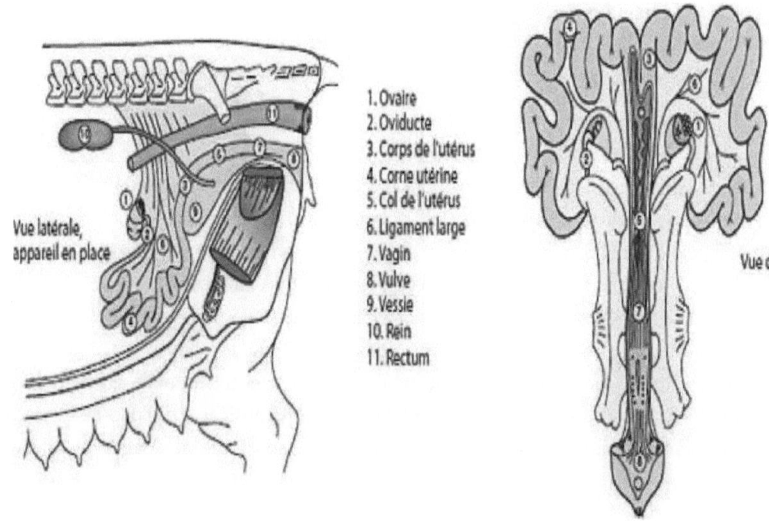

Figura 4: Trato genital da porca (IFIP, 2013)

IX.3. A glândula mamária

É constituído por 2 ou 4 ou mais quartos independentes, apoiados por um ligamento suspensor transversal, que separa a parte anterior da posterior, e por um ligamento suspensor longitudinal, que separa a parte direita da esquerda e que sobe em direção ao ânus. É constituído por tecidos mamários, incluindo o tecido conjuntivo, que é a parte carnuda que sustenta e preenche o úbere, o tecido glandular, que segrega o leite, os vasos sanguíneos, os nervos e os músculos (esfíncteres). O crescimento completo do úbere só ocorre no final da gestação e durante a lactação (Vincent, 2014).

X. Ciclo estral

A porca é um animal poliéstrico contínuo com ovulação espontânea. A idade da puberdade varia entre os 6 e os 8 meses e o primeiro parto pode ocorrer aos 12 meses de idade, por vezes mais cedo (Da, 2004). O peso do animal na puberdade situa-se entre 90 e 120 kg (ITP, 1991).

O ciclo éstrico dura em média 21 dias (Vaissaire, 1977; ITP, 1986). É representado por duas fases: uma fase folicular, que compreende o pro-estro e o estro, e uma fase lútea, que compreende o metestro e o diestro (figura 4).

X.1. Fase folicular

> **Pró-estro** :

Caracteriza-se por uma diminuição do corpo lúteo em relação ao ciclo anterior. É o período de maturação folicular ou de preparação para o cio. Verifica-se um aumento considerável das secreções de estrogénios, que atingem um pico de cerca de 85 pg/mL de sangue (Da, 2004).

> **Estrus :**

O cio é a palavra grega que significa cio, devido ao comportamento particular da fêmea durante este período. Caracteriza-se pela presença de folículos maduros no ovário, pela hiperémia endometrial e pela ovulação, que corresponde ao fim da maturação folicular e à sua rutura para libertar o óvulo. O estro é, portanto, o período da ovulação, mas também o início da formação do corpo lúteo (Figura 4), que se manifesta por uma alteração do comportamento da fêmea (inquietação, diminuição ou perda de apetite, orelhas pontiagudas, abanar da cauda, vulva inchada e avermelhada (proestro), vocalização/lactação). O cio corresponde ao período de aceitação do macho. Estes sinais podem ser utilizados para identificar o período de ovulação para um acasalamento natural controlado. Todas estas alterações são devidas ao estrogénio (Toussaint, 2000).

X.2. Fase lútea

É a fase de formação do corpo lúteo e todas as alterações orgânicas estão ligadas à progesterona. Comportamentalmente, durante esta fase, a porca já não aceita o varrasco. Esta fase tem duas etapas:

> **Metestrus** :

Começa após a ovulação e dura 13-14 dias em fêmeas ciclando. É o período de atividade do corpo lúteo, os óvulos têm 4-5 mm de tamanho e o pico da ovulação é visível com pouco tecido lúteo (Figura 5). Está ligado à fase anabólica do corpo lúteo, que se caracteriza, no útero, por alterações que preparam a implantação do embrião.

> **Diestro** :

èmeèmeEsta é a fase de repouso sexual da porca, seguida de uma queda considerável dos níveis de progesterona por volta do 15º ou 16º dia. Esta queda corresponde a um aumento dos níveis plasmáticos de prostaglandina F2a (PGF2a), que leva a uma regressão dos corpos lúteos. Segue-se um aumento da produção de estrogénios, que atinge o seu pico, e um novo ciclo recomeça com o pro-estro (ITP, 1991). Níveis elevados de estrogénios no plasma induzem o fenómeno do estro (Bories, 2009).

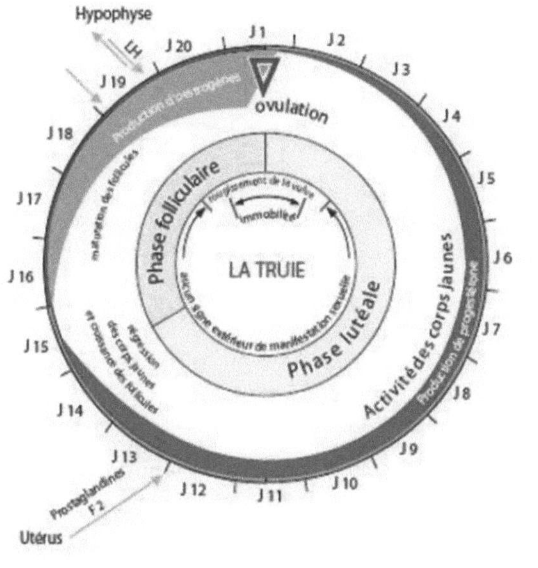

Figura 5: Alterações fisiológicas associadas aos ciclos sexuais em porcas (IFIP, 2013)

X.3. Regulação hormonal do ciclo sexual

O ciclo éstrico da porca é controlado pelo complexo hipotálamo-hipófise (Figura 6). A GnRH, secretada de forma pulsátil pelo hipotálamo, induz a secreção de FSH e LH pela glândula pituitária (Da, 2004). A FSH promove o crescimento folicular e permite a conservação dos estrogénios. A LH completa a maturação folicular, desencadeia a ovulação e segrega estrogénios (Brassard et *al.,* 1997). Este processo é regulado por vários acontecimentos agrupados em duas fases que rodeiam a ovulação. Durante a fase pré-ovulatória, o estrogénio produzido pelos folículos tem um efeito de feedback positivo sobre a FSH e a GnRH.

(Figura 6). Os estrogénios estimulam a atividade do hipotálamo por retroação positiva, que segrega GnRH pulsátil que actua sobre as células gonadotrópicas da hipófise, desencadeando uma produção maciça de FSH e LH. O estradiol produzido pelos folículos pode estimular diretamente as células gonadotrópicas da hipófise através de um curto ciclo de feedback positivo, desencadeando a produção de FSH e LH. O nível muito elevado de LH produzido desencadeia a ovulação e, em seguida, faz com que o folículo maduro se transforme num corpo lúteo. Durante a fase pós-ovulatória, o corpo lúteo transforma-se, cresce e segrega progesterona, que actua nas células periféricas (endométrio, miométrio, colo do útero) e inibe a libertação de GnRH por retroação negativa para o hipotálamo (Figura 6). A progesterona também pode atuar diretamente na hipófise através de feedback negativo para inibir qualquer libertação maciça de gonadotrofinas da hipófise (Figura 6). No final da fase lútea, na ausência de um embrião, o útero segrega prostaglandina, que induz a luteólise do corpo lúteo (Da, 2004).

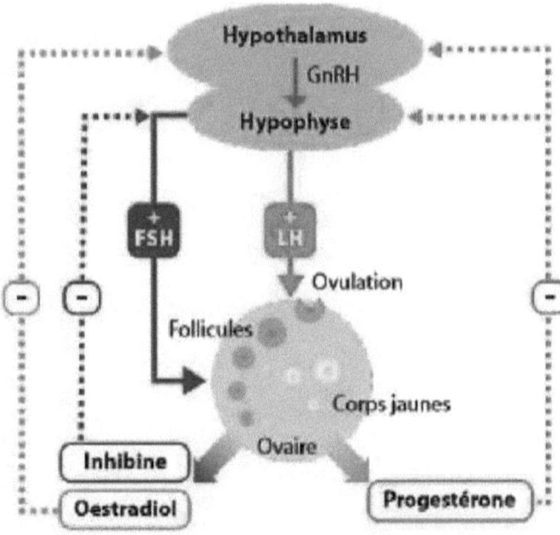

Figura 6: Função hormonal nas porcas (IFIP, 2013)

Capítulo II: Tecnologia de sementes de javali

I. Informações gerais sobre o sémen animal

No varrasco, o sémen é um líquido claro e viscoso produzido durante o coito pelos órgãos genitais e pelas glândulas anexas. Contém espermatozóides e secreções das glândulas anexas conhecidas como líquido seminal. Os espermatozóides são células haplóides portadoras do património genético masculino, alongadas e móveis, que devem ser capazes de atingir e fecundar o ovócito no trato genital feminino. O líquido seminal contém os nutrientes necessários à sobrevivência e ao movimento dos espermatozóides, uma vez libertados durante a ejaculação. O sémen pode ser recolhido e a sua qualidade avaliada.

II. Colheita

A puberdade do varrasco jovem é atingida entre os 4 e os 5 meses de idade, mas é por volta dos 10 a 12 meses que a produção de sémen atinge o seu ponto ótimo. Na última semana de vida fetal, os testículos descem para o escroto; às 10 semanas de idade, os espermatozóides começam a formar-se nos túbulos seminíferos; às 16 semanas de idade, o jovem javali adquire a capacidade de ereção; Às 20 semanas de idade, os espermatozóides estão presentes no epidídimo, representando a maturidade sexual; às 22 semanas de idade, os espermatozóides estão presentes no sémen e aos 12 meses de idade, a fertilidade máxima é atingida (Memento, 2013).

O varrasco é um dos animais que ejaculam abundantemente. Numa única ejaculação, um varrasco adulto pode produzir entre 100 e 600 ml de sémen (Rillo, 1996) com um potencial de hidrogénio (pH) entre 7,3 e 7,9. Existem várias técnicas de colheita:

II.1. Colheita manual

O sémen de javali pode ser colhido manualmente, sem necessidade de uma vagina artificial como na espécie bovina. O processo demora em média 4 a 10 minutos, dependendo da idade do varrasco e da frequência da colheita (Feller, 2005). Tanto o javali como o operador precisam de estar confortáveis e seguros durante este período. Os machos jovens são treinados para saltar para cima de um boneco. Além disso, o varrasco pode ser estimulado com urina de porcas em cio, sémen de outro varrasco ou uma injeção de feromona comercial. Depois de o javali ter dado o seu primeiro bom salto, o treino é repetido de 3 em 3 ou de 4 em 4 dias para o familiarizar com o método de colheita após 3 semanas. O sémen do varrasco é recolhido em intervalos de 5 a 8 dias. Um intervalo muito curto reduz a concentração de espermatozóides no ejaculado, enquanto que um intervalo muito longo entre colheitas consecutivas aumenta a percentagem de aglutinação do ejaculado (Le Roux, 2002).

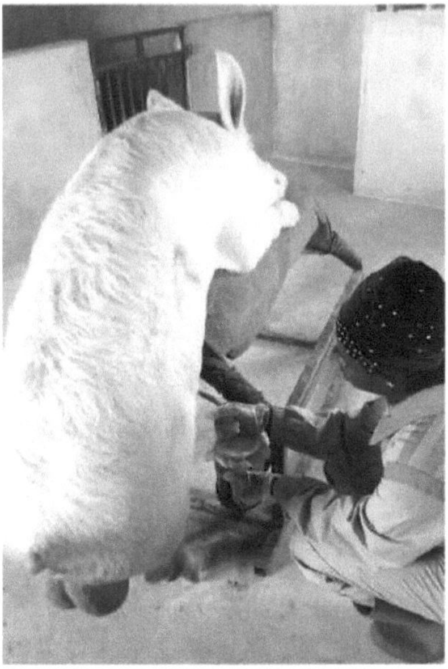

Figura 7: Recolha manual de sémen de varrasco (Gakou, 2018)

II.2. Colheita semi-automatizada

Esta abordagem foi desenvolvida para melhorar a produtividade e a qualidade do sémen de varrasco colhido. A técnica permite harmonizar a colheita independentemente do operador e do número de varrascos colhidos por dia e por operador, de acordo com um documento de orientação da IMV Technology.

O pénis é mantido no lugar por uma vagina artificial que contém um cone e um filtro de recolha da ejaculação. O líquido pré-pucial é descarregado manualmente pelo técnico, utilizando duas luvas. O pénis do javali é ligado à vagina artificial ligada ao manequim. Quando a ejaculação está completa, o javali desprende-se da própria vagina artificial e a recolha está completa (guia de tecnologia IMV).

II.3. Colheita automatizada

Trata-se de uma versão mais avançada do sistema de recolha semi-automático. Esta técnica produz pressão de ar e estimula ainda mais o javali, proporcionando o mesmo conforto que o acasalamento natural.

Esta técnica é adequada para centros de recolha de sementes em grande escala.

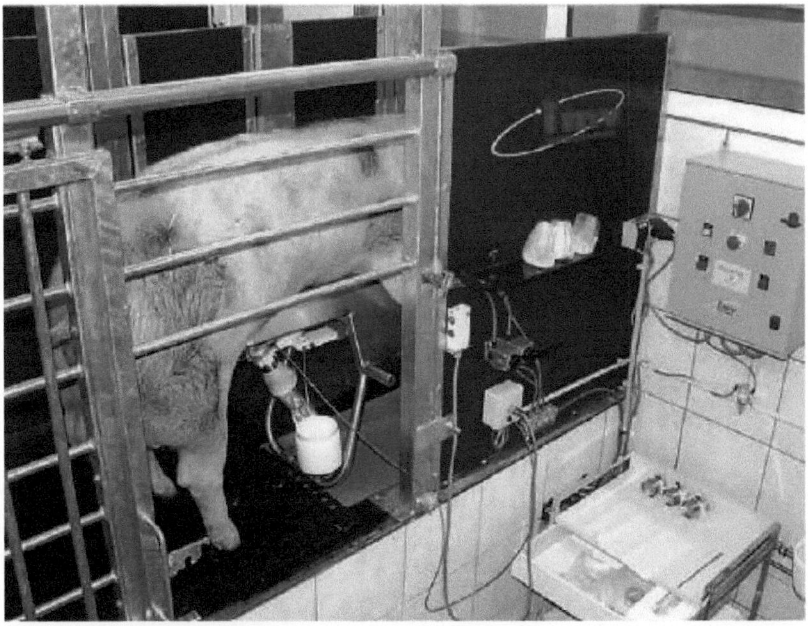

Figura 8: Colheita automatizada de sémen (Guia, IMV Technologie)

III. Avaliação da qualidade das sementes

III.1. Avaliação visual e olfactiva e quantificação do sémen

Terminada a colheita, retira-se o filtro com a tapioca e aproveita-se a semente:

- a sua cor: branco-creme, vestígios de sangue, presença de urina;
- o seu cheiro: odor a urina, infeção ;
- o seu volume: é necessária uma balança de alta precisão para determinar o volume (em ml) do ejaculado recolhido.

III.2. Avaliação microscópica

Esta avaliação consiste em :

- observar a motilidade (vivacidade) dos espermatozóides ao microscópio, verificar a existência de aglutinação e avaliar a percentagem de espermatozóides mortos (ou % vivos);
- utilizar um espetrofotómetro para determinar a concentração de espermatozóides de

o ejaculado recolhido (figura 9).

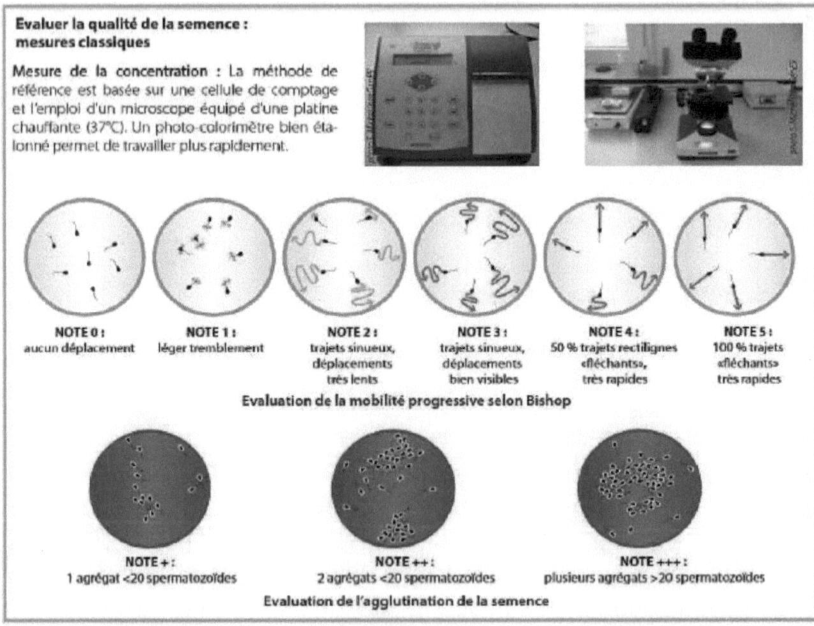

Figura 9: Avaliação da qualidade das sementes (IFIP, 2013)

IV. Diluição e conservação das sementes

VI.1 Diluição

As principais limitações das técnicas de inseminação artificial são duas: a fisiologia sexual da porca, por um lado, e a conservação "in vitro" do sémen do varrasco após diluição, por outro (Mesnil, 1956).

Os diluidores devem ter em conta um certo número de imperativos físico-químicos, tais como: (i) ter uma pressão osmótica isotónica; (ii) conter substâncias tampão capazes de manter o pH próximo do neutro, contendo substâncias necessárias ao metabolismo do espermatozoide; (iii) estar isentos de agentes bacterianos.

Os diluentes são geralmente constituídos por :

- A glicose, mais bem assimilada pelos espermatozóides do que a frutose, é a melhor fonte de energia. Contribui igualmente para manter o equilíbrio osmótico do meio.
- O citrato de sódio, o bicarbonato de sódio e o Tris (tri-hidroximetilaminometano) são os

tampões mais utilizados para o sémen de varrasco.

- Pensa-se que o EDTA, contido na maioria dos diluentes, estabiliza o volume celular (Bredderman, 1971). Além disso, as suas propriedades quelantes evitam a peroxidação dos fosfolípidos das membranas, que é prejudicial à manutenção da fertilidade (Shanon et al, 1992).

Todos estes elementos são dissolvidos em água destilada. Para avaliar a eficácia dos diferentes diluentes, a percentagem de espermatozóides móveis e o seu poder fertilizante são tradicionalmente determinados após armazenamento durante um determinado período no diluente em questão.

VI.2 Conservação

As tentativas de inseminação efectuadas por ITO, NIWA e KUDO (1949) obtiveram 34,7% de fertilização com esperma mantido puro durante 3 dias. Após a recolha, os espermatozóides misturados apenas com o plasma seminal têm um tempo de vida curto. A incorporação de um meio suscetível de prolongar a sua sobrevivência e manter a sua fertilidade é, portanto, essencial (Paquignon, 1988). Uma temperatura de armazenamento entre +15°C e +18°C foi geralmente sugerida como a melhor forma de preservar o sémen. No entanto, é difícil manter esta temperatura quando o sémen é enviado para o criador. As doses são então sujeitas a variações externas de temperatura e a qualidade do sémen é afetada.

Capítulo III: Inseminação artificial (IA) em suínos

I. Informações gerais sobre a gripe aviária nos suínos

A inseminação artificial é utilizada para criar e difundir o progresso genético, mas também como um instrumento de controlo do processo reprodutivo. É atualmente muito utilizada pelos criadores da América do Norte, da Europa e da Ásia. Em França, é realizada principalmente com sémen produzido num centro de colheita (79%), combinado com sémen colhido na exploração (4%) e, mais raramente, com sémen natural (4%) (Boulot, 2008).

II. Deteção de calor

O estro pode ser detectado através de alterações no comportamento e na morfologia de certos órgãos devido a secreções hormonais (Hanzen, 2009). Entre os principais sinais de cio, o reflexo de imobilidade é "o sinal" (figura 10). Mas existem outros sinais que, em maior ou menor grau, são também sinais de que a porca está em cio:

- Aumento da vulva durante todos os períodos de calor;
- a presença de muco pegajoso na vulva, que é mais frequente no final do cio;
- tenta subir para cima de outras porcas, especialmente quando as porcas estão em grupo;
- inapetência devido ao aumento das hormonas estrogénicas, que têm um efeito supressor da fome no organismo;
- grunhido de longa duração;
- as orelhas levantadas para cima ;
- cauda para cima.

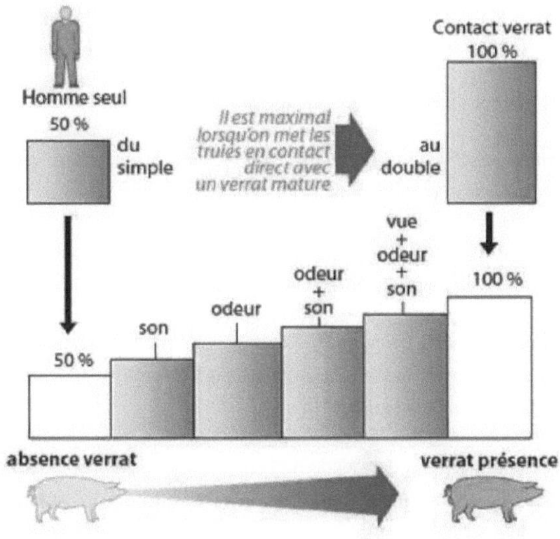

Figura 10: Taxa de imobilização de porcas (IFIP, 2013)

III. inseminação

Atualmente, a relevância e a utilização da IA como ferramenta reprodutiva estão bem estabelecidas na maioria dos países ocidentais. De facto, o primeiro artigo científico sobre inseminação artificial foi publicado em 1897 em Cambridge (Heape, 1900), mas foi estabelecido como uma ferramenta de biotecnologia reprodutiva após a elevada procura de novos cavalos pelo exército russo na década de 1920. No entanto, a investigação aprofundada começou nos anos 30 com os trabalhos de McKenzie no Missouri (EUA). Foi ele o primeiro a fabricar uma vagina artificial para recolher o sémen de javali. Na Europa, foram Milovanov, em 1938, e Polge, em 1956, que treinaram os javalis para saltarem para cima de um boneco para recolha de sémen.

As primeiras doses de sémen de varrasco foram desenvolvidas na Rússia e baseavam-se numa solução de glucose com tartarato de sódio e de potássio ou sulfato de sódio e peptona. As primeiras temperaturas de armazenamento situavam-se entre 7 e 12°C, mas Ito et *al* (1948), citados por Du Mesnil (1956), recomendam uma temperatura de armazenamento entre 15 e 20°C para garantir uma boa fertilidade.

Após o sucesso da congelação do sémen de touro, foram efectuados vários ensaios para congelar o sémen de varrasco, mas a fertilidade após a inseminação continua a ser baixa em comparação com a utilização de sémen fresco.

A inseminação artificial tem uma série de vantagens:

- Várias porcas podem ser inseminadas com uma única ejaculação de um varrasco, na maior parte das vezes de elevado valor genético;
- Esta técnica permite poupar tempo, uma vez que várias fêmeas podem ser inseminadas ao mesmo tempo e as parições podem ser agrupadas;
- A eliminação do contacto físico entre o varrasco e a porca tem a vantagem de reduzir o risco de traumatismos e lesões durante o acasalamento e de minimizar o risco de propagação de doenças venéreas.
- Na preparação para a IA, a qualidade do sémen é monitorizada e avaliada ao longo de todo o processo. Isto significa que os varrascos inférteis podem ser eliminados rapidamente.

Nas porcas, são exploradas duas possibilidades (Figura 11), nomeadamente a inseminação artificial a nível cervical, que pode ser efectuada com o Gédis, e a inseminação artificial a nível pós-cervical, que requer um cateter ligado a um recipiente de sémen.

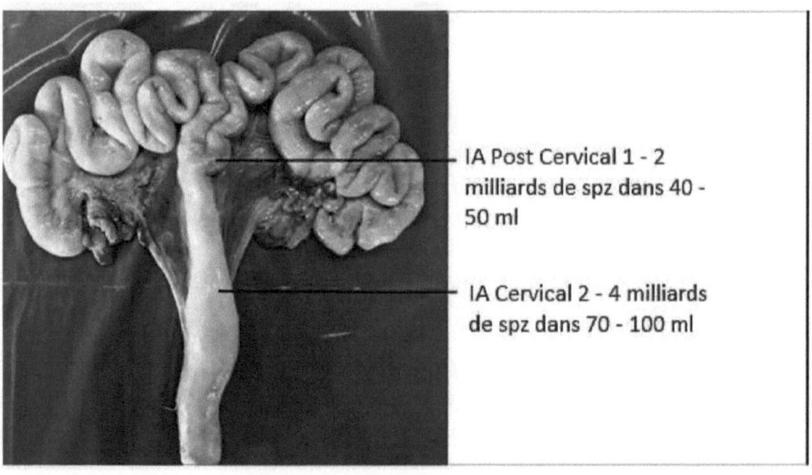

Figura 11: Órgãos genitais femininos e localização do sémen de IA (Guy delhomme, IMV Tecnologia)

PARTE II: ESTUDO EXPERIMENTAL

Capítulo I: Materiais e métodos

I. Hardware

1.1. Área de estudo

O estudo foi efectuado no laboratório de biotecnologia do CMAP em Loumbila. A estação de reprodução de Loumbila situa-se a 15 km de Ouagadougou, na estrada Ouagadougou-Ziniaré. A comuna de Loumbila faz fronteira a leste com a comuna de Ziniaré, a oeste com a comuna de Pabré e o distrito de Nongremassom, a norte com a comuna de Dapelogo e a sul com a comuna de Saaba. ^{2} ^{2}A comuna de Loumbila cobre uma superfície de 362 km, com uma densidade populacional de 65 habitantes por km.

A inseminação artificial foi efectuada nas zonas de Ouagadougou e Bobo-Dioulasso. Na zona de Ouagadougou, a precipitação média entre 2009 e 2018 foi de 870,12 mm por ano (Karambiri, 2023). A estação das chuvas estende-se de maio a outubro, e o número médio de dias de chuva é de 67 por estação das chuvas. A temperatura média mensal é de cerca de 30°C. Durante os meses de dezembro e janeiro, a temperatura mínima pode ser tão baixa como 19°C. A temperatura máxima é de 40°C entre abril e maio.

Na área de Bobo-Dioulasso, a precipitação média para o período de 1956 a 2018 foi de 1.042,67 mm (Karambiri, 2023), com uma temperatura média anual entre 19,5°C e 36°C. Quase todo o município está situado num planalto de arenito primário que se estende entre as latitudes 11° e 13° norte e o Fouta Djallon até ao sudoeste do Burkina Faso.

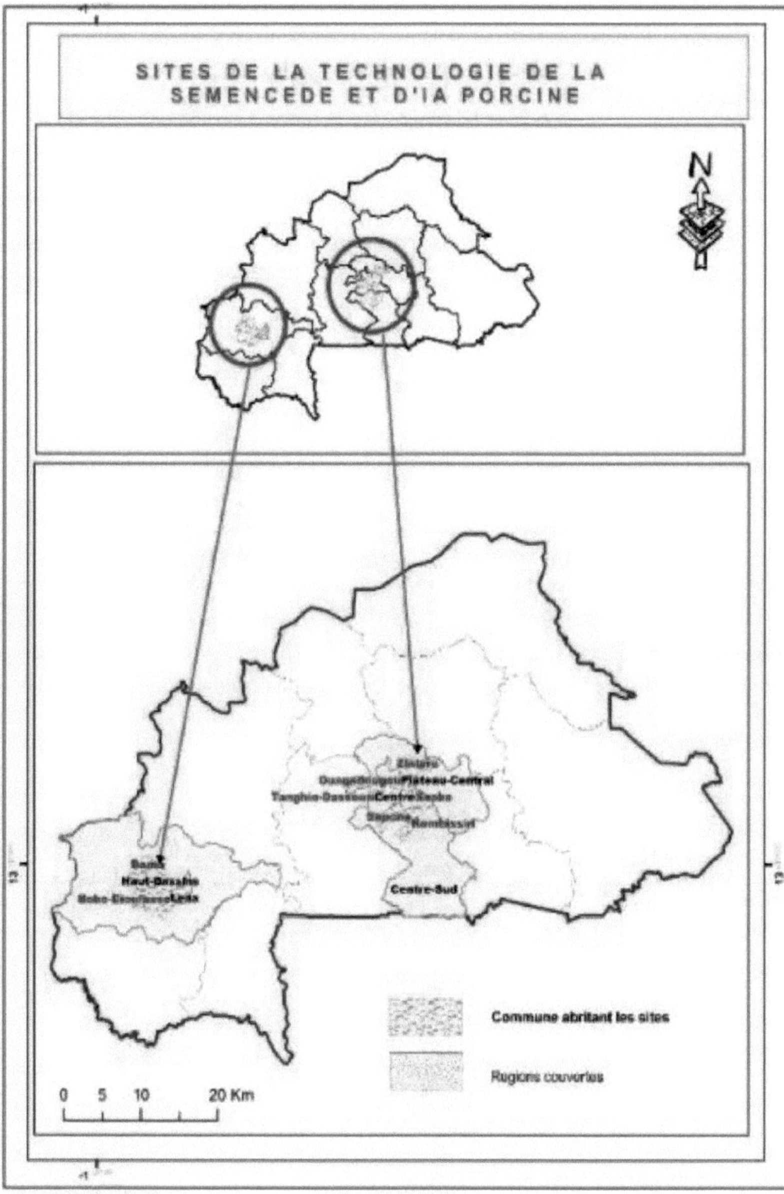

Source: IGB-BNDT 2012

2024

I.2. Material biológico

Para a tecnologia do sémen, o material biológico foi constituído por 40 ejaculados de oito (n= 08) varrascos, dos quais 02 varrascos Large White, 02 Landrace, 02 Duroc e 02 Piétrain (Tabela I).

Quadro 1 Caraterísticas dos varrascos utilizados na colheita de sementes

Raça	Grande Branco 1	Grande Branco 2	Raça terrestre 1	Raça terrestre 2	Duroc 1	Duroc 2	Piétrain 1	Piétrain 2
Idade (meses)	16	16	16	16	15	15	15	15
Peso (kg)	217	125,5	198,5	189	199	99,5	169	181
Comprimento do corpo	131	102	122	123	123	98	122	107
(cm)	138	111	131	132	134	107	122	126
Altura ao garrote (cm)	90,5	78,5	83	86,5	86,5	73	84	83,5
Comprimento da orelha	22,5	22,5	23	23	24	19	25,5	24
(cm)	30	26,5	31	29	28	22	27	28
Largura da piscina	21	19,5	23,5	21	23,5	18	25	23

A inseminação artificial com sémen produzido no Burkina Faso foi testada em 145 porcas distribuídas nas zonas de Ouagadougou e Bobo-Dioulasso, da seguinte forma (Quadro II).

Quadro 2 Caraterísticas das porcas inseminadas por zona

Localização	Porcas (n=103)	Gilts (n=42)	Idade média (meses) Porcas	Idade (meses) Gilts	Torre de peito (cm)	Altura ao (cm)	Comprime o corpo (cm)
Ouagadougou e arredores	48	37	14,6	9,6	105,2	67,7	92,3
Bobo-Dioulasso e periferia	55	5	24,2	11,6	109,6	69,6	95,8
Total/média	103	42	18,46	10,6	106,9	69,6	95,84

I.3. Equipamento técnico

O material técnico utilizado na tecnologia do sémen é constituído por material de colheita (um boneco, sacos de plástico, filtros, um copo, luvas) e por material de análise do sémen (uma balança eletrónica, um microscópio, um espetrofotómetro).

Para a experiência de inseminação artificial, o equipamento consistia em gedis para acondicionamento do sémen, adegas para armazenamento e refrigeradores termo-ajustáveis para transporte para o campo. Havia também um lassoporc para contenção, luvas, lótus, gel e sabão.

II. Métodos

II.1. Formação e colheita de sementes

Os varrascos foram treinados durante quatro (04) semanas para a colheita de sémen. Isto consistiu em introduzir cada varrasco na sala de colheita onde foi instalado um boneco. Foram utilizadas três técnicas de estimulação consoante o varrasco.

O nosso estudo utilizou um procedimento de recolha de sémen semelhante ao proposto por Niwa et *al* (1954) citado por Anne (2002). Este procedimento consiste em assegurar que a extremidade em saca-rolhas do pénis fica bloqueada na cérvix uterina em espiral da porca, exercendo pressão manual sobre a extremidade do pénis.

Foram utilizadas três técnicas de estimulação, consoante os varrascos. Em primeiro lugar, os varrascos foram estimulados com um lenço embebido na urina de porcas em cio;

Se recusassem, estes varrascos eram injectados com 0,5 a 1 ml de dinolítico. A última técnica consistia em deixar os varrascos mais lentos na última posição para aproveitar a baba dos varrascos que eram positivos à excitação. Este processo permitiu que os animais se familiarizassem com o boneco como se estivessem na presença de uma porca.

Depois da excitação e de saltar para cima do manequim, quando o pénis estiver para fora, o operador agarra-o, puxa-o para baixo, mantendo a tensão e exercendo pressão sobre o prepúcio. O sémen é recolhido num copo de 1 litro (Figura 12), no qual é colocado um saco de plástico esterilizado. Os bordos do saco são fixados ao copo com um elástico. O recipiente é então coberto com um filtro que separa a tapioca que fica retida e deixa passar a semente, como descrito por Barrabes et *al* (2008). O tempo de reação à chupeta e a duração da ejaculação foram registados com um cronómetro.

Para o exame do sémen, especialmente do sémen não diluído, Buisson (1956) recomenda o aquecimento das amostras agitando-as ao ar durante 2 horas a 37°C.

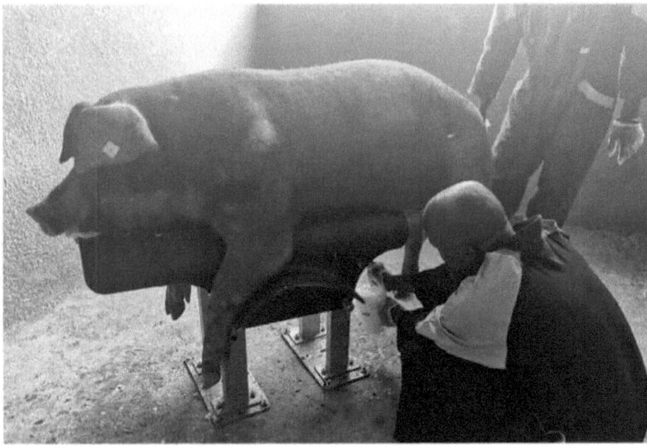

Figura 12: Sessão de colheita de sementes

II.2. Análise das sementes

11.2.1. Parâmetro macroscópico

A análise macroscópica incide sobre o volume, a cor e o odor, utilizando o método de Leborgne et *al.* (2013).

O volume do ejaculado foi medido por leitura direta, utilizando as graduações do tubo de recolha. A leitura foi efectuada sem ter em conta a parte espumosa do ejaculado. A cor, a viscosidade e o odor foram avaliados pelos órgãos sensoriais do coletor (olhos, narinas).

11.2.2. Parâmetros microscópicos

Cada ejaculado foi pesado com uma balança sensível OHAUS adventurer, modelo PX4201, capacidade 4200g, precisão mg de 100, número de série C05174147, previamente tarada com o recipiente de recolha. O volume em ml é obtido após retificação com o valor da densidade do sémen de varrasco.

A concentração de espermatozóides no ejaculado foi obtida utilizando um espetrofotómetro e confirmada por um MetroSperm.

O exame microscópico, com uma ampliação de 100 vezes, de uma gota de semente pura entre uma lâmina e uma lamela numa placa quente a 37°C foi utilizado para avaliar a massa e a mobilidade e vivacidade individuais.

II.3. Embalagem e armazenamento

Após a análise, o sémen natural foi diluído com um diluidor TRIXcell Ultra e água destilada. A concentração (em milhões/ml) do ejaculado é multiplicada pelo volume (em ml) do ejaculado para obter a concentração total (em biliões). A concentração total é dividida por 3 mil milhões para obter o número de doses a produzir. Multiplica-se o número de doses por 90 ml para obter o volume final e, por fim, subtrai-se o volume do ejaculado para obter o volume do diluidor. O sémen diluído obtido é então embalado em gedis (Figura 13). O acondicionamento é efectuado com uma máquina de ensacar "Golden Field". Cada dose tem um volume de 90 ml e contém 3 mil milhões de espermatozóides. As saquetas são enchidas a vácuo à temperatura ambiente (25°C) e armazenadas numa adega a uma temperatura entre 17 e 19°C.

Figura 13: Gédis

As sementes diluídas são controladas diariamente durante um período de 07 dias para avaliar durante quanto tempo as sementes produzidas são válidas e podem ser utilizadas.

II.4. Preparação para a inseminação artificial

II.4.1. Indução do estro

A inseminação artificial consistiu inicialmente em identificar as fêmeas em lactação que poderiam ser selecionadas. Foi pedido às partes interessadas que deixassem os leitões mamar durante 28 dias (Memento, 2006) antes de os desmamar, fator que desencadeia a expressão do cio nas porcas. Assim, para a zona de Ouagadougou e arredores, o desmame foi efectuado a 20 de abril de 2023 e para a zona de Bobo-Dioulasso a 27 de abril de 2023. A estas porcas, juntámos aquelas cujo retorno ao cio poderia coincidir com o período de inseminação ou as marrãs em idade de reprodução que entrariam em cio durante a operação.

II.4.2. Inseminação propriamente dita

A inseminação foi efectuada em porcas e marrãs pré-selecionadas que apresentavam cio. A operação de inseminação artificial envolveu 145 porcas com idade média de 18 meses, provenientes de 25 explorações, com um peso vivo entre 74 kg e 194 kg, em comparação com um peso médio de 172 kg para os varrascos colhidos (99,5 < X < 217 kg). No entanto, 144 foram selecionadas para o estudo.

A maioria das fêmeas em pé foi imobilizada com um laço de porco ou simplesmente pelas orelhas e pela cauda (Figura 14), consoante a sua docilidade. A vulva foi pulverizada com uma solução desinfetante, seguida de uma limpeza manual com papel higiénico para remover quaisquer corpos estranhos. ème Após a limpeza da vulva, o Gedis é introduzido na vagina em pelo menos 4/5 do seu comprimento e deixado durante dois (2) a cinco (5) minutos, tempo necessário para a absorção total do sémen. O gedis é uma sonda que armazena e insemina simultaneamente a porca. A cabeça da sonda tem barbatanas que são colocadas no colo do útero, como a cabeça de espuma ou a cabeça em espiral, e a reserva de sémen, armazenada sob vácuo numa membrana à volta da haste, é colocada no vestíbulo e na vagina. Sob o efeito da temperatura corporal, o tampão de cera que obstrui a cabeça da sonda liquefaz-se a cerca de 37°C, dois a três minutos após a inserção, e as contracções vaginais libertam então o sémen (Feller et *al.,* 2004). Uma espera de cinco minutos garante que o sémen chega ao seu destino. Finalmente, o cateter é retirado da vagina para ser eliminado ou destruído. Utilizámos 69 doses de duroc, 43 doses de large white e 32 doses de landrace.

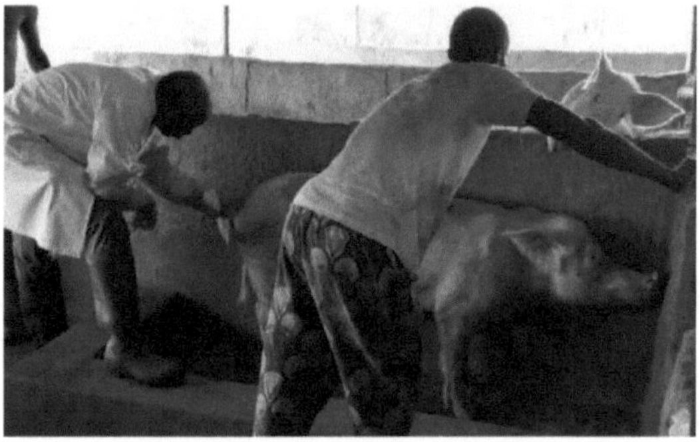

Figura 14: Inseminação de uma porca

II.5. Diagnóstico de gravidez ou relatório de gravidez

Após a inseminação, o controlo da gestação foi efectuado por observação do não retorno ao cio (21 dias após a IA) e por ecografia (35 dias após a IA). O método de ultra-sons tem a vantagem de, para além do controlo da gestação, permitir verificar o número de crias intra-uterinas, o sexo dos fetos e a variabilidade dos fetos (Hanzen *et al,* 1992). O modelo de ecógrafo utilizado para o presente estudo é um KAIXIN, equipado com uma sonda setorial com uma frequência de 50 - 60 Hz ± 1. A operação consistiu em aplicar gel na ponta da sonda e colocá-la acima do úbere inguinal (Figura 15), na prega da virilha da porca em contenção.

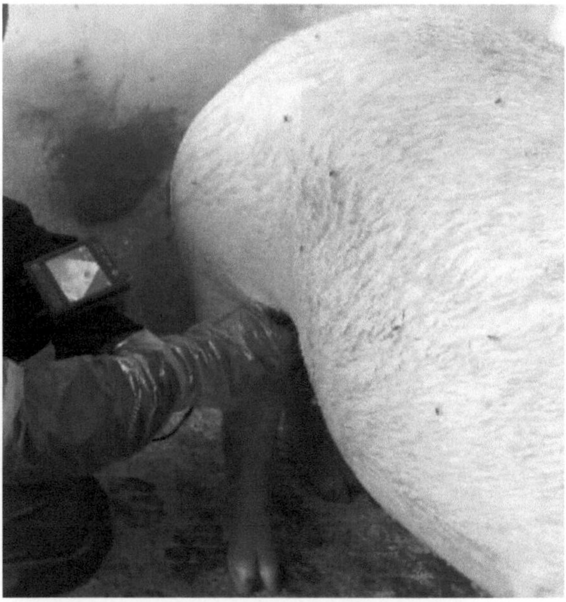

Figura 15: Ecografia de uma porca

II.6. Análise estatística

Os dados relativos às caraterísticas do sémen e aos resultados da inseminação artificial foram registados utilizando o programa Excel. Para a tecnologia do sémen, foram efectuadas análises estatísticas sobre a caraterização do sémen, as concentrações e as mobilidades em função da raça. Relativamente às inseminações, a análise de variância (ANOVA) incidiu sobre a taxa de fertilidade em função da raça e do indivíduo. O teste de correlação de Pearson foi utilizado para avaliar as relações entre as variáveis utilizando o software XLSTAT 2014.5.03. As variações de acordo com a raça do varrasco são expressas como média ± desvio padrão e as diferenças entre as médias são consideradas significativas no limiar de probabilidade de $P < 0,05$.

Capítulo II: Resultados e discussão

I. Resultados

1.1. Treino do varrasco e caraterísticas do sémen

Os varrascos foram treinados para colher sementes durante 28 dias a uma taxa de duas colheitas por sessão por semana. A taxa de aceitação ao saltar ou ao treino foi de 7/8 (87,5%). Os varrascos com pedigree responderam positivamente ao treino mas o seu sémen era pequeno (30-50 ml), claro e sem esperma.

O quadro III abaixo mostra o comportamento de salto e as caraterísticas dos ejaculados.

Quadro 3: Caraterísticas dos ejaculados recolhidos

Variáveis	Média Geral	Branco grande	Raça terrestre	Duroc
Ejac_vol (ml)	171,68	182,66±58,76a	191,08±0b	141,3±14,59c
Conc ejac (milhões/ml)	277.37	230,19±11,13a	195,45±0b	406,48±73,75c
Número de doses	19,72	15,7±5,83a	12,5±0b	22,87±7,07c
Motil (0 - 5)	2,99	2,97±0,06a	3±0b	3±0b

Foram recolhidos 33 ejaculados com um volume total de 4296,5 ml. O volume médio dos ejaculados foi de 171,68 ml. A média mais elevada foi registada no landrace com 191,08 ml e a mais baixa no duroc com 141,3±14,59 ml. A concentração média foi de cerca de 277,37 milhões de espermatozóides por ml; o duroc teve a maior concentração (406,48±73,75 milhões/ml), seguido do large white (230,19±11 milhões/ml) e, finalmente, do landrace (195,45 milhões/ml). O número de doses, sendo igual à concentração vezes o volume do ejaculado dividido por 3 biliões, justifica, portanto, que o duroc, apesar do pequeno volume de ejaculado, termine com uma média de 22,87 doses, contra o landrace, que tinha o maior volume, mas totalizou uma média de 12 doses.

I.2. Embalagem e aconselhamento

O sêmen de cada javali após a avaliação da motilidade no primeiro dia foi diluído e armazenado por 07 dias. A figura 16 abaixo mostra a variação da motilidade espermática para cada raça durante a primeira semana de armazenamento.

As curvas para duroc e landrace sobrepõem-se.

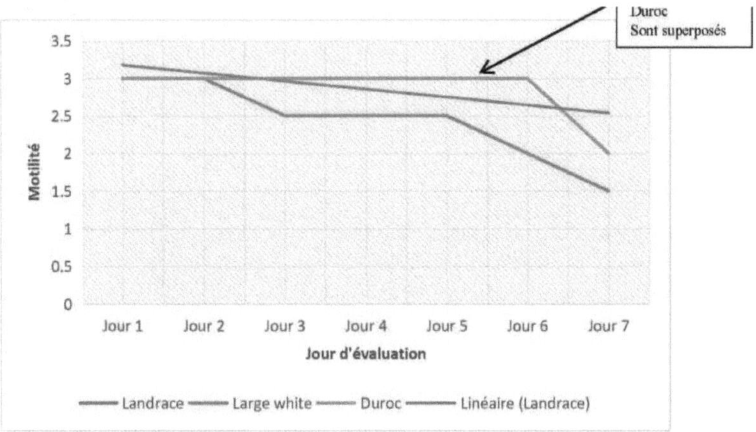

Figura 16: Alterações da motilidade Spz por raça durante a armazenagem, numa escala de 0 a 5

èmeèmeèmeIndependentemente do indivíduo e da raça, a motilidade foi maior ou igual a 2,5 (50%) até o dia 05 de armazenamento, antes de cair de 2,5 para 1,5 entre o dia 05 e o dia 07.

Para a expressão da libido nos varrascos, o tempo médio de reação foi de 3,13 ± 0,06 minutos para o large white, 3,08 ± 0,00 minutos para o landrace e 4,09 ± 0,00 minutos para o duroc. A duração média da ejaculação foi de 5,59 minutos, 5,75 minutos e 5,00 minutos para os machos Large White, Landrace e Duroc, respetivamente. A cor do sémen foi sempre branco-creme.

I.2. Inseminação artificial e testes de gravidez

Só foram inseminadas as fêmeas que manifestaram cio após o desmame, ou as porcas e marrãs que manifestaram cio durante o período de exploração nas explorações.

I.2.1. Parâmetros pós-parto

As porcas selecionadas em 25 explorações variaram muito. O tempo de aleitamento dos leitões foi, em média, de 55 dias, com extremos de 32 dias para os leitões desmamados precocemente e de 94 dias para os leitões desmamados tardiamente, como mostra a Figura 17 abaixo. O tempo entre a última parição e a IA variou de 17 a 67 dias. O tempo entre o desmame e o cio de fertilização foi de 2 a 23 dias, e o tempo entre os primeiros sinais de cio e a primeira inseminação foi de 24,81 a 37,5 horas.

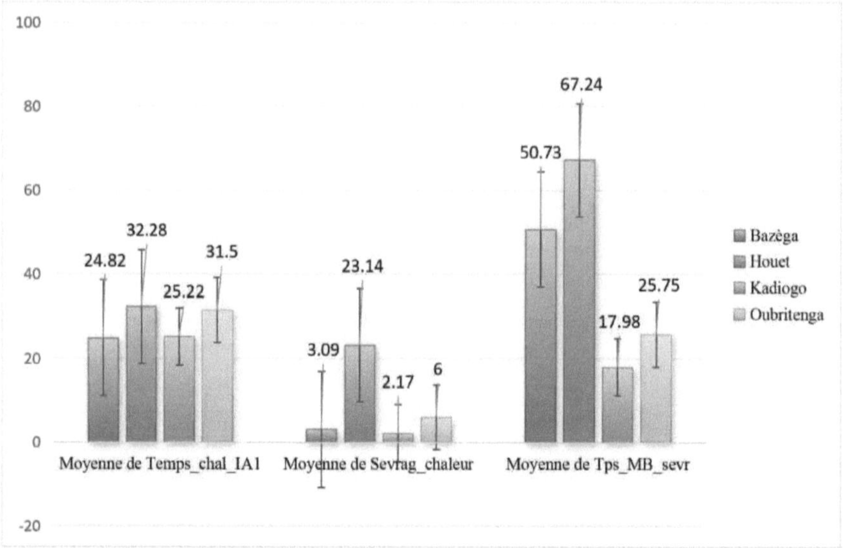

Figura 17: Caraterísticas dos parâmetros relacionados com o parto

1.2.2. Caraterísticas térmicas e inseminação artificial

Neste estudo, foram observados nas fêmeas em cio sinais de inchaço da vulva, vermelhidão da vulva, inquietação, orelhas erectas, secreção de muco, farejamento seguido de saltos. O intervalo entre os primeiros sinais de cio e a primeira inseminação foi de 24 horas. A segunda inseminação foi efectuada 12 horas após a primeira, ou seja, 36 horas após os primeiros sinais de cio, e só foi possível em algumas porcas, devido às limitações de tempo e à distância entre explorações.

1.2.3. Taxa de gestação

èmeApós a inseminação artificial, a gestação foi estabelecida pela observação do não retorno do cio aos 21 dias após a IA e confirmada por exame ultrassonográfico entre 35 e 45 dias após a IA. Das 145 fêmeas inseminadas, uma foi descartada porque já estava grávida durante a operação e foi inseminada por engano (Figura 18).

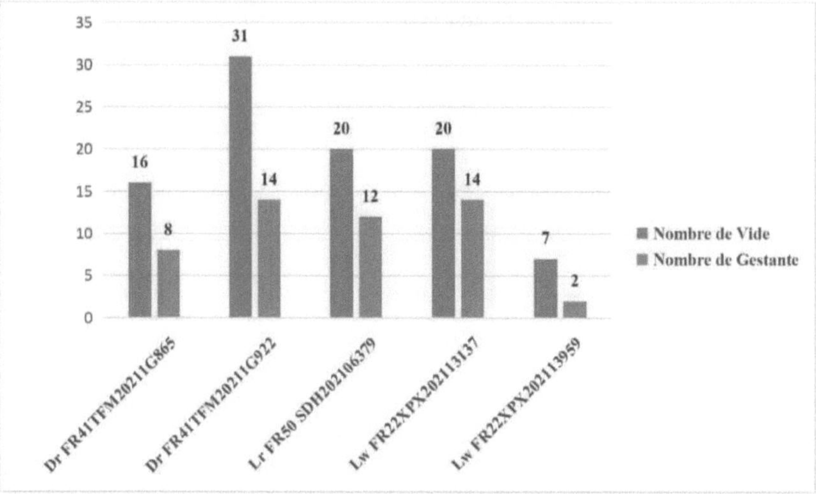

Figura 18: Controlo da gestação por varrasco

Os resultados relativos ao não retorno do cio foram 83/144, ou seja, 57,63%. Foram efectuadas ecografias a todas as porcas inseminadas e apenas 51/144 porcas estavam verdadeiramente prenhes, ou seja, uma taxa de prenhez de 35,42% em relação ao número inicial de porcas (n=144). Das 51 gestações, a taxa de gestação por raça foi de 45,10%, 31,37% e 23,53% para as raças Duroc, Large White e Landrace, respetivamente.

I.2.4. Período de gestação

O período médio de gestação foi de 113,77 ±2,66 dias, com extremos de 101

dias para a gestação mais precoce 119 dias para a mais longa (figura 19).

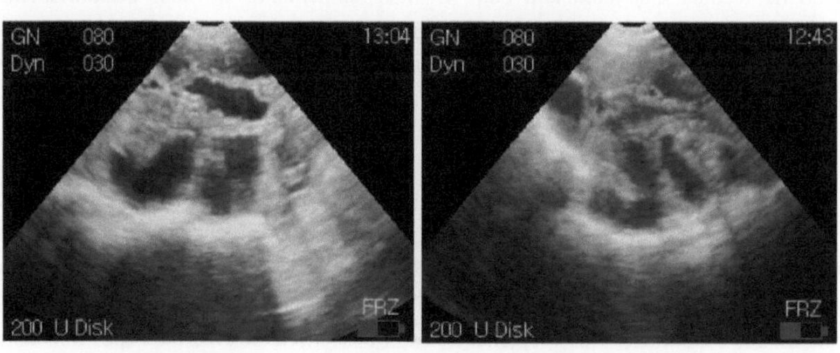

Figura 19: Imagens de ultrassom de uma gestação de 35 dias
(NB: Os pontos pretos correspondem às secções das vesículas embrionárias)

I.3 Caraterísticas do âmbito de aplicação

Quadro 4: Efeito da raça do varrasco nas caraterísticas da ninhada

Raça	Número de leitões	Peso médio da ninhada (kg)	Nascido vivo
Grande	9,11±3,72a	1,31±0,29a	8,05±3,19a
Raça terrestre	9,4±3,27a	1,64±0,26b	8,9±3,38a
Duroc	8,82±3,08a	1,32±0,33a	8,29±3,21a
Valor P	**0,9812**	**0,0291**	**0,8667**

O número total de leitões nascidos da operação de IA foi de 463. O tamanho médio da ninhada foi de 9,07 ± 3,32 leitões. O peso médio dos leitões ao nascer foi de 1,40 kg ± 0,33 e o número médio de leitões nascidos vivos foi de 8,34 ± 3,18. O peso médio dos leitões das raças autóctones foi de 1,64 ± 0,26 kg, em comparação com 1,32 ± 0,33 kg e 1,31 ± 0,29 kg dos leitões das raças duroc e large white.

O número de leitões nascidos por porca não estava correlacionado com a categoria de parto da porca. No entanto, o número de leitões nascidos vivos e o tamanho da ninhada, bem como a idade da porca e o número de partos registados, estavam fortemente correlacionados (0,80 e 0,90, respetivamente).

II. Discussão

O objetivo da introdução de varrascos no Centre National de Multiplication des Animaux Performants era estudar a possibilidade de produzir sémen fértil de varrasco no Burkina Faso a partir de animais de raça pura importados. 87,5% dos varrascos responderam favoravelmente à recolha de sementes. No entanto, 25% desta taxa apresentaram volumes de ejaculado inferiores a 50 ml e sémen claro sem espermatozóides. Esta dificuldade pode estar relacionada com o período de recolha, que coincidiu com as altas temperaturas do ano. Contrariamente à temperatura ideal de 15°C a 20°C recomendada para estas raças exóticas segundo Feller et *al* (2004), a temperatura média registada foi de 30,68°C. Anne (2002) fala de esterilidade devido às temperaturas estivais. A isto junta-se o facto de não ter sido feita qualquer análise de anomalias testiculares, infecções ou tumores.

Le Roux (2002) considera também que a contaminação bacteriana do sémen é inevitável e sistemática, e que as consequências para a qualidade do sémen dependem do tipo de bactérias dominantes e da carga bacteriana do ejaculado. Althouse et *al* (2000) conseguiram mesmo demonstrar a presença de germes bacterianos espermicidas no sémen, mostrando uma redução da mobilidade e aglutinação dos espermatozóides, com morte dos mesmos após dois dias de armazenamento. [ème]Mas apesar de todos estes factores que influenciam a qualidade do sémen, a motilidade manteve-se acima dos 60% até ao 5° dia.

Relativamente ao volume do ejaculado, os nossos resultados foram 182,66 ml, 191,08 ml e 141,3 (ml), respetivamente, em varrascos brancos grandes, landrace e duroc. Estes resultados são superiores aos obtidos por Dotché et *al* (2019). No entanto, eles ainda são inferiores à média de 300 ml encontrada por Chamoulaud (1995), que é um resultado a ser qualificado porque o volume de tapioca foi em média 115 ml. No nosso estudo, tal como no de Dotché, a fração gelatinosa "tapioca" não foi incluída no volume do ejaculado.

De acordo com Guillouet et *al* (1999), o volume do ejaculado aumenta dos 9 meses aos 15 meses de idade, altura em que estabiliza. Assim, o atraso no treino e o início da colheita de sémen dos varrascos não permitiu uma boa realização do volume de produção de sémen dos nossos varrascos, apesar da sua idade média de 15 meses.

[6]A concentração média (x 10 spz/ml) do sémen dos grandes javalis brancos foi superior à de Elile et *al.* (2014) na Nigéria, que é de 187,8, e à de Thema et *al.* (2022), que é de 120±39. No entanto, é inferior ao obtido por Guillouet et *al.* (1999), que é de 321± 89. A concentração de sementes de raças autóctones foi inferior à de Guillouet et *al.* (1999), que foi de 279±99. O Duroc apresentou uma concentração mais elevada do que o broad white e o landrace, cuja adaptação ambiental parece ser melhor.

No que diz respeito ao tempo de armazenamento, o nosso estudo optou por armazenar sémen fresco produzido com TRIXcell Ultra como diluente. A escolha do TRIcell Ultra baseou-se no facto de a motilidade observada ter sido de 78,6±2,4, 10 dias após a colheita da semente fresca e armazenamento a 17°C+1 (Van Den Berg et *al.*, 2014). Estes resultados são superiores aos nossos, que foram de 60% e 5 dias de armazenamento. Van Den Berg et *al* (2014) acreditam que o TRIcell, em comparação com a Beltsville Thawing Solution (BTS), resulta em mais leitões nascidos vivos e isso está parcialmente relacionado com a sua combinação de amplo espetro de três antibióticos.

A nossa taxa de sucesso de gravidez de 35,42%, composta por 45,10%, 31,37% e 23,53% para duroc, large white e landrace, respetivamente, é muito inferior à obtida após uma inseminação dupla por Bitty (2014) na Costa do Marfim, que foi de 69,44% utilizando sémen importado. No entanto, a taxa é ligeiramente superior à do primeiro teste de inseminação artificial de suínos realizado pelo Ministério dos Recursos Animais e das Pescas em 2021, que registou uma taxa de sucesso de 33,33% com sémen importado, numa população de 36 porcas (MARAH, 2021). A taxa que registámos foi baixa em comparação com a taxa de sucesso da IA de suínos nos países desenvolvidos, que é superior a 90% (IFIP, 2013). Este facto pode ser explicado pela diversidade das explorações e da sua gestão, pela diversidade dos animais, pela duração do armazenamento e pela qualidade do sémen. O sucesso da IA não é simplesmente uma questão de biotecnologia, mas do estado fisiológico das porcas, que é um fator importante para o sucesso (Bariteau, 1977).

O tamanho da ninhada é superior ao da raça local obtido por Youssao (2009) que é de 7,5 ± 1,91; mas inferior ao de Dourmad et *al.* (2010) que é de 14,0 para o total de leitões nascidos e parece corroborado com a FAO (2012) que é de 7 a 15 leitões por parto por porca. No entanto, a taxa de perda de leitões nascidos vivos de 13,7% encontrada por Dourmad *et al* (2010) é semelhante aos nossos resultados. O número médio de leitões nascidos vivos é inferior ao registado por Uzu et *al.* (1979), que foi de 9,47, com uma variação de 1,55 leitões entre os varrascos extremos.

O aumento do número de fetos é acompanhado por um aumento do fluxo total de sangue para o útero, mas também por uma redução do fluxo por feto e, consequentemente, do fornecimento de nutrientes (Pere, 2000), o que logicamente deveria levar a uma redução do peso à nascença dos leitões. Este facto é confirmado pela análise da influência do tamanho da ninhada no peso dos leitões à nascença (Quesnel et *al.* 2008), indicando que nas ninhadas maiores há mais leitões de peso pequeno (< 1,0 kg) e menos leitões de peso elevado (> 1,8 kg). Esta análise está de acordo com os resultados que obtivemos, onde o peso médio é de 1,4 kg ± 0,33 mas superior ao da raça local, que é de 828 g para os machos e 731 g para as fêmeas (Youssao, 2009). Portanto, não é pelo facto de o número de leitões de uma parição ser reduzido que teremos automaticamente leitões grandes. Canário et *al* (2007) estimaram que, para o mesmo tamanho de ninhada, os leitões produzidos pelas porcas actuais são mais pesados à nascença do que os leitões produzidos pelas porcas em 1977.

CONCLUSÃO E PERSPECTIVAS

O estudo sobre a tecnologia do sémen de suíno mostra que a produção de sémen de varrasco é viável no Burkina Faso.

A adaptação dos leitões no final do pós-desmame à alteração da alimentação e das condições de criação, bem como a produção de sementes férteis, permitem-nos afirmar que estas raças podem ser introduzidas diretamente para melhorar a produtividade das explorações.

A taxa de varrascos que responderam à experiência, o volume médio dos ejaculados e a concentração em milhões de espermatozóides por mililitro atingiram os padrões exigidos para o ensacamento/dosagem. As doses foram transportadas para inseminação artificial respeitando rigorosamente a temperatura recomendada de 17°C.

No campo, a inseminação foi efectuada sem a mínima alteração das práticas de criação dos produtores. A divulgação do sémen produzido neste estudo por inseminação artificial permitiu avaliar a fertilidade dos varrascos. A adaptação da raça duroc parece ser melhor do que a da landrace e da large white, cujos cruzamentos são os mais conhecidos e considerados como as raças suínas exóticas mais bem adaptadas. O estudo revelou igualmente que o piétrain parece ter dificuldade em adaptar-se aos resultados obtidos.

A tecnologia do sémen de suíno facilitará a adoção da inseminação artificial de suínos, tornando o sémen de varrasco disponível e acessível, e melhorará a produtividade dos suínos no Burkina Faso.

Em comparação com os países ocidentais, a taxa de sucesso é baixa, mas isso pode ser explicado pelo fraco controlo e falta de rigor na deteção do cio e no momento certo para a inseminação artificial.

Este estudo abre novas perspectivas, tais como a compreensão da dinâmica folicular na raça local; uma análise comparativa das taxas de sucesso da inseminação cervical (Gédis) e pós-cervical (sonda de cateter) na raça local; e a fertilidade dos varrascos para recolha de sémen e das porcas para inseminação artificial;

Em suma, a tecnologia do sémen de suíno contribui para o desenvolvimento da suinicultura no Burkina Faso, e a raça Duroc é a mais bem adaptada a esta tarefa.

Bibliografia

Agbokounou A. M, Gbênangnon S. A, Issaka Y. A, Karim, Guy A. M, Bénoît K., Jean-Luc H, 2016. Caraterísticas da criação local de suínos em África, Journal of Animal and Plant Sciences, Vol.30, Issue 1: 4701-4713.

Althouseg.C., Kuster C.E., Clark S.G., Weisiger R.M, 2000. Field investigation of bacterial contaminants and their effects on extended porcine semen. Theriogenology, p 11671176.

Annick Audiot, 1995. Races d'hier pour l'élevage de demain. INRA Paris, 229p.

Barrabes A. S., Gary B. G., Bouvier B. P., 2008. Tecnologia de recolha automática de varrascos Colllectis R. Theriogenology 70, p 1368-1373

Barone R., 2000. Anatomia comparada dos Mamíferos Domésticos. éd. Vigot, 4, 238-247.

Bariteau F., Bussiere J., Courot M., 1977. Insémination Artificielle porcine : Améliorations techniques, résultats recents. J.R.P. em França, p 11-14

Bitty Z.B.A., 2014. *Avaliação da eficácia da inseminação artificial no melhoramento genético de suínos na Costa do Marfim.* Tese de mestrado em produção animal e desenvolvimento sustentável. Universidade Cheikh Anta Diop de Dakar. EISMV de Dakar. 43p.

Bories P. C. E., 2009. *Chronopart de la truie en élevage : effet de la durée de mise bas sur quelques paramètres physiologiques et biochimiques.* Tese, Medicina Veterinária, Toulouse 3, 112p

Boulot S., Badouard B., 2008. Alterações nas práticas de inseminação em efectivos de porcas francesas de 2001 a 2006. Journ. Rech. Porcine Fr. 40, 257-258.

Brassard P., Martineau R. e Twagiramumgu H., 1997. A inseminação em tempo fixo é finalmente possível. Simpósio (conferência) sobre gado leiteiro, Canadá, 1997, CPAQ, 16 p.

Canario L., Rydhmer L., Gogué J., Tribout T., Bidanel J.P., 2007a. Estimativa das tendências genéticas de 1977 a 1998 para as caraterísticas de parto na raça Large White francesa utilizando sémen congelado. Animal, 1, 929-938.

Da M., 2004. *Monitorização da ciclicidade em porcas.* Tese de engenharia, Institut du Développement Rural/Université Polytechnique de Bobo-Dioulasso (IDR/UPB) 79 p.

Dacheux J.L., Paquignon M., 1987. Maturação epididimária dos espermatozóides, influência na qualidade dos gâmetas. *J.R.P em França,* 19, 99-106.

D'Orgeval R, 1997. *Le développement de l'élevage porcin en Afrique : l'analyse des systèmes d'élevage du porc local africain au Sud Bénin.* Tese de doutoramento do Instituto Nacional de Agronomia, Paris Grignon, 273p.

Dotché I O, Kiki P, Govoeyi B, 2019. Relatório sobre a situação da inseminação artificial animal nos países da África Ocidental. Jornal de Biociências Aplicadas 143: 14712 - 14730.

Dourmad J-Y, Canario L L., Gilbert H, Merlot E., e Quesnel H, 2010. Evolução do desempenho e da robustez dos animais na suinicultura. INRA Productions Animales. P.53-64.

Du Buisson F. D. M. 1956. Conservação do sémen de varrasco após diluição e manutenção do seu poder fertilizante. Annales de zootechnie, III, 5 (3), p.195-212.

Elile FC, Ogbu CC, Ugwu SOC, Machebe NS, 2014. Caraterísticas da libido e do ejaculado de varrascos expostos à radiação solar direta. Jornal de Ciências Animais e Vegetais 24: 43-49.

FAO, 2012. Setor suíno, Burkina Faso. Revisões Nacionais de Pecuária da Divisão de Produção e Saúde Animal da FAO. No. 1 - Roma, FAO. - 83p.

Feller D., Thilmant P., Wavreille J. e Boudry C., 2004. Le Verrat, la Truie aspects technique de la reproduction. *Filière porcine wallonne,* n° D/2005/8887/1, 48 p

Flores B., 1996. Fisiologia reprodutiva do javali. Actas do 29° Am. Meet. Of Association of Swine Reproduction, Desmoines, Iowa, 1-6.

Geneviève J., 2019. Uso de novas ferramentas biotecnológicas para xenotransplante. In: Bulletin de l'Académie Vétérinaire de France tome 1. pp. 89-93

Guillouet P., Tribout T., Bussière J.F., BertaudG., Bidanel J.P., Terqui M., 1999. Análise dos factores de variação na produção de esperma em varrascos inseminados artificialmente. Journ. Rech. Porcine Fr, 31, 45-52.

Guy Bernard, D.T.A, 2003. Novas tecnologias em inseminação artificial. Centre d'insémination porcine du Québec, Porc Québec 7p.

Hanzen C, Laurent Y, Jakovljevic S, 1993. Aplicação da ultrassonografia na reprodução bovina 2. O útero prenhe e não prenhe. Ann. Méd. 137 : 93 - 101.

Heape W., 1900. The "Sexual Season" of Mammals and the Relation of the "Pro-oestrum" to Menstruation Quarterly Journal of Microscopical Science. Nova Série. 44 : 1-70.

Heath E., Olsen A., Basurto-Kuba V. 1984. Espermiostase intratesticular no javali. 10th Congr. Anim. Reprod. e A.I., Illinois USA, III, 272-273.

Holst S.J., Sterility in boars (Esterilidade em varrascos). Nord. Vet. Med, 1949, 1, 87-120

IFIP, 2013. Mémento de l'éleveur du porc. IFIP (Editor), 7ª edição, Paris, 364pp.

ITP, 1991. Mémento de l'éleveur de porc, quarta edição, 566 p

Karambiri B.L.C.N, Gansaonre R.N, 2023. Variabilidade espácio-temporal da precipitação nas zonas climáticas do Burkina Faso: o caso de Bobo Dioulasso, Ouagadougou e Dori. Revista Científica Europeia, ESJ, 19 (9), 262.

Kiendrébéogo, T., 2006. *Diagnostic des élevages porcins dans la zone de Bobo Dioulasso système d'élevage et conditions technico-économiques de production. Bobo Dioulasso*: dissertação DEA no Institut de Développement Rural (IDR) de J'Université Nazi Bonî (ex-Université Polytechnique de Bobo-Dioulasso (UPB). 71p.

Ladds P.W., 1996. The Male Reproductive System. In: SIMS L.D. and glastonsbury J.R.W. Pathology of the Pig. Victoria, 407-418.

Leborgne M.-C., Tanguy J.-M., Foisseau J.-M., Selin I., Vergonzanne G., Wimmer E., 2013. Reproduction des animaux d'élevage. 3ème. Paris, 467p.

Le Roux A. N., 2002. *La réforme des verrats de centres d'insémination artificielle pour baisse de qualité de semence : approche anatomopathologique et histologique.* Escola Nacional de Veterinária de Toulouse, Tese, 140p.

Lukusa B. D, 2005. *Melhoria da prática de criação de porcos nos meios urbanos e periféricos da cidade de Kinshasa.* Dissertação para o Diplôme d'Études Spécialisées en Gestion des Ressources Animales et Végétales en Milieux Tropicaux Faculté Universitaire des Sciences Agronomiques de Gembloux, ULG, 50p.

MRA, 2003. Diagnostic de la filière porcine au Burkina, PAPISE, 78p.

MRA, UNDP 2011. Contribuição da pecuária para a economia e a luta contra a pobreza, os factores determinantes do seu desenvolvimento, 78p.

MARAH, 2021, relatório Bilan annuel 2021 des activités du ministère...). - Vet. Rec. 68, 6-267, 169.

MARAH, 2021. Enquête nationale sur le cheptel (ENC1) 2018, relatório de análise, 89p.

Martin R. S., Martinez E., Garcia-Artigac, De Alba C., 1996. Avaliação do sémen de javali na prática. Reprod. Dom. Anim, 31, 519-526.

Martin Y.C.M., 1993. Qualidade do sémen de suínos de I.A.. Atualização de um teste colorimétrico. Th : Med. Vet. Toulouse : -TOU 3, 4032.

Mermillod P., Guillouet P., Berthelot F., Martinat-Botté F., Plat M., Terqui M., 2003.

Biotecnologias da reprodução suína. Journées Recherche Porcine, 35, 323-338.

Mémento de l'agronome, 2006. CIRAD - GRET, Ministério dos Negócios Estrangeiros, 1691p.

Nonfon WR, 2005. *La filière de production du porc local au Bénin : l'amélioration de sa productivité par l'alimentation.* Tese de doutoramento em Ciências Agronómicas e Engenharia Biológica, Faculté Universitaire des Sciences Agronomiques de Gembloux, Bélgica, 236p.

Paquignon M., Bussiere J., Bariteau F., 1988. Eficácia das técnicas de conservação do sémen de varrasco. Revista INRAE. Productions Animales. Vol1.N°4.

Paquignon M., Bussière J., Bariteau F. 1988. Eficácia das técnicas de conservação do sémen de varrasco. Productions Animales, 1 (4), p.271-280.

Père M.C., Etienne M., 2000. Uterine blood flow in sows: effects of pregnancy stage and litter size. Reprod. Nutr. Dev, 40, 369-382.

Polge C., 1956. Inseminação artificial em suínos. Vet. Rec, Jan: 62-76.

Quesnel H., Brossard L., Valancogne A., Quiniou N., 2008. Influence of some sow characteristics on within-litter variation of piglet birth weight (Influência de algumas caraterísticas da porca na variação do peso à nascença dos leitões dentro da ninhada). Animal, 2, 1842-1849.

Signoret J.P., 1972. *Contribution à l'étude des mécanismes éthologiques et endocriniens du comportement sexuel de la truie.* Tese de doutoramento. Universidade de Paris VI. CNRSA.O., 7257, 180p.

Thema, M. A., Mphaphathi, M. L., Ledwaba, M. R., & Nedambale, T. L. (2022). Investigação da eficácia de diferentes extensores de sémen e do período de armazenamento in vitro na qualidade do esperma do javali Windsnyer equilibrado a 18°C. Reproduction in Domestic Animals, 57, 1644-1648. https://doi. org/10.1111/rda.14256

Toussaint M., 2000. Maîtrise du début de l 'œstrus chez la truie de race locale : Approche endocrinologie, cytologique et mesures du pH. Tese, Universidade Cheikh Anta Diop, Dakar, Escola Interestadual de Ciências e Medicina Veterinária, 139 p.

Uzu G., Bonneau M, J Lebost, 1979. Influência dos varrascos sobre os principais parâmetros de produtividade dos efectivos e sobre a duração da gestação. Annales de zootechnie, 28 (3), pp.315-323.

Van den Berg B.M., Reesink J, e Reesink W., 2014. TRIX cell+, um novo extensor de sémen de javali de longa duração contendo proteína de soro de leite com maior capacidade de preservação e tamanho da ninhada. Open vet. 4 : 20 - 25.

Vaissaire J.P., 1977. Sexualidade e reprodução dos mamíferos domésticos e de laboratório. *Maloine-S, A. éditeur-Paris França,* p 157-267

Vincent D., 2014. Anatomia dos sistemas genital e do úbere, 6 p

Wrobel K.H. 1990. Male Reproductive System In: DELLMAN. Textbook of Veterinary Histology, 2ª edição, 226-243.

Youssao A.K.I., Koutinhouin G.B., Kpodekon T.M., Yacoubou A., Bonou A.G., Adjakpa A., AHOUNOU S., TAIWO R., 2009. Melhoramento genético do desempenho zootécnico do porco local no Benim através do cruzamento com o Large White.

OCDE/FAO (2022), OECD and FAO Agricultural Outlook; Estatísticas Agrícolas da OCDE (base de dados), https://doi.org/10.1787/agr-outl-data-fr.

APÊNDICES

Fotos dos verrassons 3 dias após a sua chegada (15/03/2022_CMAP_Loumbila)

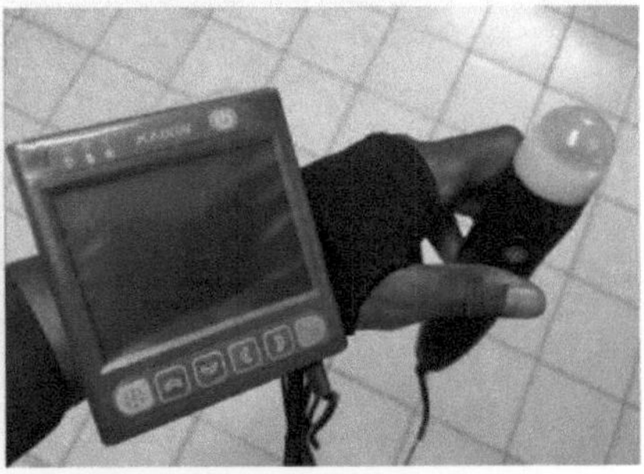

Exploração de suínos Ultrassom

Primeira dose de sémen de varrasco produzida na BF em 23/03/2023 em Loumbila

Geladeira de sementes recém-colhidas para conservação de doses

A: Boneco, B: Saco de recolha; C: Balança; D: Espectrofotómetro; E: MetroSperm F: Microscópio; G: Forno; H: Banho-maria

Laço de porco

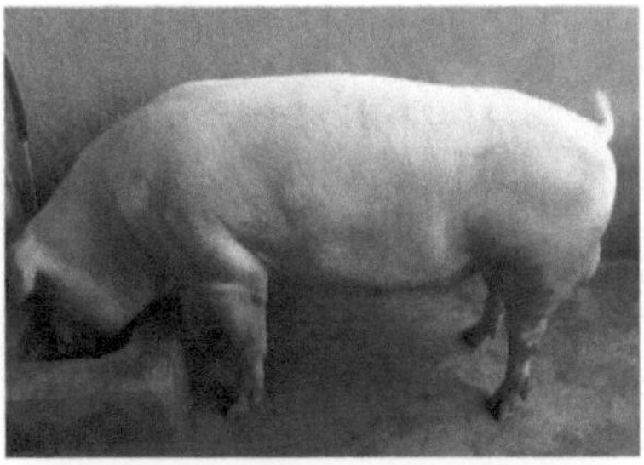

Javali Landrace

Verrat DurocVerrat

Duroc

Javali PietrainÁgua

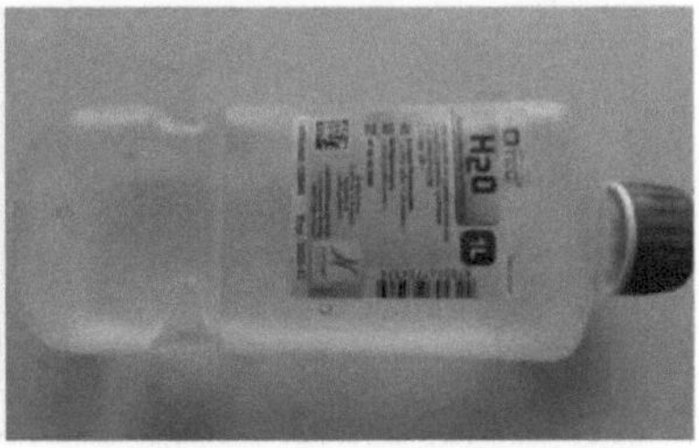

destilada

MIX
Papier aus verantwortungsvollen Quellen
Paper from responsible sources
FSC® C105338

Printed by Books on Demand GmbH, Norderstedt / Germany